U0827120

BLACK SWAN 黑天鹅图书

为 人 生 提 供 领 跑 世 界 的 力 量

BLACK SWAN

# 这辈子，只能这样吗

[美] 肯尼斯・克利斯汀◎著
Kenneth W. Christian

黄邦福◎译

YOUR OWN
WORST ENEMY

文化发展出版社
Cultural Development Press

**图书在版编目（CIP）数据**

这辈子，只能这样吗 /（美）肯尼斯·克利斯汀著；黄邦福译. —北京：文化发展出版社有限公司，2018.10

ISBN 978-7-5142-2458-0

Ⅰ. ①这… Ⅱ. ①肯… ②黄… Ⅲ. ①成功心理—通俗读物 Ⅳ. ①B848.4-49

中国版本图书馆CIP数据核字（2018）第243567号

版权登记号　图字：01-2018-6363
YOUR OWN WORST ENEMY: Breaking the Habit of Adult Underachievement,
Copyright © 2002 by Kenneth W. Christian, Ph. D.
Published by arrangement with HarperCollins Publishers through Bardon-Chinese Media Agency.
Simplified Chinese translation copyright © 2018
by Beijing Xiron Books Co., Ltd.
All Rights Reserved

**这辈子，只能这样吗**

著　　者：［美］肯尼斯·克利斯汀
译　　者：黄邦福

---

责任编辑：肖润征
出版发行：文化发展出版社（北京市翠微路2号　邮编：100036）
网　　址：www. wenhuafazhan.com
经　　销：各地新华书店
印　　刷：三河市冀华印务有限公司

---

开　　本：880mm × 1230mm　32开
字　　数：240千字
印　　张：10.5
版　　次：2018年12月第1版　2018年12月第1次印刷
I S B N ：978-7-5142-2458-0
定　　价：48.00元

如发现图书质量问题，可联系调换。质量投诉电话：010-82069336

## 献词

谨以此书献给我的父亲和母亲，

他们永远相信我，

即使和我意见相左，

也会一如既往地支持我。

# 序言

## 人生不设限

我正驱车往家里赶。我的朋友马克周末举行婚礼，我在他家待了一个晚上。我念大学一年级的时候就结识了马克，从那以后，我俩的关系日益密切。

那天下午和晚上，大家都在庆祝马克和他的新娘苏珊结婚，但我脑海里想的却是马克的弟弟皮特。看见皮特，我感到沮丧不安。我认识皮特时，他还在念小学六年级，大家都认为他前途不可限量。那个时候的皮特聪明过人、魅力非凡、热情四射、活泼可爱，很讨家人的喜欢，他对生活自发的热爱也吸引了很多人。在学校，他就读的是重点班，一年到头都在参加篮球比赛。

皮特全家搬到美国东海岸后，我和他的联系就减少了。我从马克的口中得知，皮特已经跌下了“神坛”——他高中毕业的成绩是班级倒数几名，后来大学辍学，现在正在努力“寻找自我”。不过，在马克的婚礼上，我又一次亲眼看到了皮特。我期待从他的身上看到以前的那种朝气蓬勃的样子，我希望和他重建关系。

然而，当我看到他时极其失望，他身上的光芒已然消失。

## 一旦放弃努力，便不易回头

在婚礼预演晚宴上，皮特坐在角落里。我走到他的面前，他告诉我他在倒时差，说完就躲进了自己的屋子。第二天，婚礼快开始时，他才现身。在招待会上，他应酬性地走到每张桌子前给人敬酒，却不敢看着我的眼睛。他的身上不再散发出那种让人感到亲切的魅力，相反，他看上去就像是纸板剪影。他说着正确的话，向亲友们谈论自己的目前境况和未来计划，不过，他的话听上去显得过于空洞。

我心里清楚，他还没有长大。时光荏苒，他身上某些闪光的东西已经消失，他仍然装出一副世界尽在掌握之中的模样。然而，我发现他了无生气，也许就是因为他知道自己已经被这个世界抛弃了。那个在夏夜里和我步行至湖边，一起去吃冰激凌的雄心勃勃、富于想象、魅力四射的男孩，那个在我获得博士学位数年前就称呼我为“博士”的男孩，如今已不复存在。

婚礼第二天，我把皮特叫到一旁，我想知道究竟发生了什么。起初，对于我的问题，他总是避而不答，后来，我把话题转向以前的那些美好时光。他咬着嘴唇、低着头、强忍住泪水，终于开口说话了。

“瞧，”他说，“我完蛋了，行了吧？我压根儿就没想到自己会变成现在这个样子。”

皮特支支吾吾地道出了他的故事。他说，就在他们搬家前一年，他想“休息”一下，暂时不再做一个“完美的学生”。他相信，真正重要的时刻一旦到来，他就会回归正轨——然而，他没有做到。“我总是告诉自己明年再努力学习，但我就是无法行动起来。”他说，“第二年到来时，一切又显得不值得付出努力了。一段时间过后，我告诉自己：算了，无所谓了。”

皮特根本就不明白，努力这种事情，一旦放弃，就不可能轻易再回到从前。他一旦选择了“休息”，暂时不再做“完美的学生”，就开始偏离正轨，迷失了部分自我。很快，他就忘记了曾经的自己。他唯一在乎的，也是他擅长的，就只剩下篮球。但是，他再也无法只凭借自己的天赋在比赛中脱颖而出。他也参加球队训练，不过在夏季联赛中并不努力。念高三的时候，他碰到了同样才华横溢但更加勤奋的队员。即便是这样，当年他的得分依然排名全县第三。

后来，他纵容自己，发生了一件具有毁灭性的事情。皮特所在高中的篮球队获得了州冠军杯比赛的资格，但作为控球后卫关键球员的他，学习上却出现了麻烦，他的课程亮了红灯。他的老师破例给他一次机会，只要自选有关宪法的题目写一篇两页长的论文，就可以通过。

他压根儿就没有写这篇论文。

“现在依然让我感到痛不欲生的是，我当时并没有决定不写这篇论文。我只是放任自己等着截止日期到来，我也不明白是为什么。替补我的控球后卫和其他队员参加了比赛，结果球队首轮就被淘汰出局。我让所有人都大失所望——我的队友、我的家人，还有我自己。”

球队遭遇失败后，皮特变得意志消沉，再也没有回到正轨。

他第一次直视着我的眼睛。

“博士，请你告诉我，什么样的人会做出这样的事情？”

他的这个问题给了我当头一棒，因为我不知道如何回答。我深吸一口气，然后按照我接受的心理治疗培训那样继续倾听。

整个交谈过程，皮特的眼中都透着迷茫的神情。我主动提出，要帮他联系一位治疗师。说这话时，我的下巴不由自主地僵住了。作为一名治疗师，我知道什么是可能的，我并不是真的认为心理治疗会对他有帮助。当时，我也感到有些迷茫。我是被他低落的情绪传染了吗？还是我面前还有别的东西，但是我却错过了？我告诉他，我会再联系他的。

## 在潜能浪费掉之前……

婚礼结束，驱车离开的时候，我意识到，皮特的这种情况似乎并不少见。我想到了前一年来找我辅导的文斯。文斯的故事和皮特的大不相同，或许也不尽然。那么，我从文斯身上发现了什么？又有什么是我没有发现的呢？

文斯不是万众瞩目的明星，他没有皮特之前身上的那种风度和天生的魅力。他很聪明，但很迷茫，跟皮特一样面容憔悴。不过，他身上似乎有种别的东西，究竟是什么，我也不确定。我还记得他当时无力地蜷缩在椅子上的模样，眼睛盯着地毯，年纪轻轻，但感觉很老的样子。他谈起他那些破灭的梦想、糟糕的运气——他做过的事情，没有一件是成功的。接连出现的机遇和捷径，他没有错过，结果却走了弯路，陷入难以自拔的困境。

我还想到了伊莉斯。她拥有各种有利的条件，可是，在法学院念一年级的时候，她做出决定：不值得再继续念下去，因为这不是她想要的生活。退学后，她觉得旅行一段时间可以帮助她厘清头绪。可是，她发现自己没有任何渴望的职业，也没有任何想要追求的目标。很快，伊莉斯就感到生活毫无目标，饱受自我怀疑的折磨，觉得自己已经过了人生高峰，开始走下坡路了。

我没有直接回家，而是开车去了办公室，开始翻阅病人的资料档案。里面有很多人都和皮特、文斯和伊莉斯一样才华横溢，我见到他们的时候，他们也同样面容憔悴、饱受痛苦。我开始寻找这些人童年经历中的相似之处，试图找出他们的关联性。此时，我想起了克拉丽莎，她是我女儿的一位朋友，她们的友谊从幼儿园就开始建立了。克拉丽莎刚上学时热情满满，但不知什么时候开始就变得很沮丧。她很聪明，在学习上没有任何障碍。作为康复中心的一名心理咨询医生，我见过很多有严重学习障碍的病例。克拉丽莎并没有这样的情况。我也没发现有任何事情干扰了她的注意力。同皮特、文斯和伊莉斯一样，不知为什么，她就是退缩了，不再努力。

浏览着一份份病例资料，有儿童的，有成人的，包括一些焦虑的父母的。此时，我意识到，我看见的并不是一个孤立的现象。来找我咨询的对象包括单身者、夫妻，也有全家人一起来的。带着青春期子女来咨询的父母，约 80% 都表现得忧心忡忡，尤其是担忧子女的学习成绩。有些孩子就跟皮特一样，很有潜能，却把潜能一点点地浪费掉了。我成功地帮助了一些孩子，但对有些孩子，我竭尽所能，结果并不令人满意。这些孩子有何不同？他们需要什么？我不知道，我相信其他人也不知道。

合上病例资料，天色已晚。皮特的那个问题一直困扰着我，我想从中找到答案，却是枉然。我也想表达由衷之言。我喜欢、关心皮特和其他孩子，除此之外，他们的奋力挣扎也让我深受触动，这些人身上的某种重要的东西被抑制了。从他们的挣扎中，我发现了相似之处，我下定决心，一定要为我的发现做点儿什么，不让他们肆意挥霍自己的才华。我要找到一种方法，在这些人——病例资料里的这些人的面孔浮现在我的脑海中——变得像皮特和文斯一样枯竭、空虚之前，就帮助他们、影响他们。可是，我该从哪里着手呢？

## 渴望获得成就，却……

接下来的几个星期里，为了寻找答案，我几乎翻遍了所有相关的科学文献。在我职业生涯初期，我曾对自尊进行过研究，重点研究人们的价值观和自我评价标准。自我观念和世界观会对目标和行为产生巨大的影响，我相信，这些问题是相关的。

然而，我发现，对“低成就”（Underachievement）的现有研究，大都集中于外部行为（主要学业成绩），而不是内在体验。这一课题的研究在 20 世纪 70 年代达到顶峰，然后逐渐递减，那些理论概念和干预方法早已过时。标准心理疗法的效果不一，治疗期长达两年以上，而且缺乏可靠的效果。“团体疗法”似乎更有效果，不过，关于系统性采用“家庭团体疗法”的效果，尚无任何研究报告。

我将搜索范围扩大到其他研究领域，最终找到了社会心理学研究中的“自我挫败行为”（Self-Defeating Behavior）：有些人具有矛盾的倾向，面对可能的失败，故意破坏自我努力。终于，我有了一点儿头绪。

我知道，低成就是一个流行性问题。父母、教育者、心理治疗师和其他人都迫切需要一种能带来希望和解决问题的新途径。我扩大了“自我挫败行为”的研究范围，着手建立一种包容性的、能带来新的干预办法的低成就观。我得出的结论是：要解决这一问题，最好的办法是设计一套强化性的、多层面的方案，来消除低成就习惯得以保持的各种诱因。为达到这一目标，我将儿童置于一个精心组织的心理教育同龄小组，将父母置于家长教育小组，让全家人都接受心理辅导，并同学校行政人员和教师保持密切沟通，为期 4 个半月。基于这一方法，我于 1990 年创建了“极限潜能计划”（Maximum Potential Project）。通过这些精心设计的方案，我们取得了前所未有的效果。孩子们的学业观和生活观都发生了根本性的变化，我们看见他们活力焕发，我们看见他们全心投入。

## 我不知道该怎么做

1993 年的一天，我坐在旧金山公共广播电台（KQED）的演播室里，刚接受完有关“极限潜能计划”的专访。我开始接听听众热线，结果让我感到很奇怪。我本以为打进热线的是焦虑的父母，没想到会是这些人，他们对我说：“我就是你在节目中谈到的那种人。我小时候就不爱写作业、上课不认真听讲。我现在仍在逃避。我想换个活法儿，但我不知道该怎么做。”

那天晚上，打进热线的听众，多半不是为子女寻求帮助的父母，而是为自己寻求帮助的成人。有些来电让人感到非常纠结。接听着这些来电，我意识到，我还有更多的工作要做。接下来的几天，我和同事开始研究如何帮助皮特、文斯、伊莉斯以及其他低成就的成人改变自我。我想看见他们焕发活力，我想看见他们全心投入。

我发现，有些低成就的成人似乎安于平庸现状、得过且过，但更多的成人像皮特、文斯和伊莉斯那样，开始漫长而煎熬的倒退，陷入失望、痛苦与悔恨之中。我更加详细地查看了他们所面临的问题，得出了一个定论：这些人身上出现的基本问题，在普通人群中也几乎存在。

所到之处，环顾四周，我发现人们都在对自己的生活设限。事实上，人们似乎羞怯于拥有梦想、表达梦想，似乎更热衷于粉碎梦想而非追求梦想。他们勇于承认自身的不足，却不敢面对自己内心的渴望；他们内心渴望获得更多的成就，却总是呆立不动、消极应对。开始实施新的自我提升计划的时候，人们大都会因为各种困难而选择退缩。很显然，这本身就是一种低成就行为。总之，在我看来，成人低成就——即使是最极端的形式——就是日常生活中惯性堕落的延伸，如看不完一本书、拖延减肥计划、总是无法及时回信等。

我们的流行文化已经普遍接受了低成就，几乎不看重逆境中的坚持不懈，也不看重经过漫长而艰苦的努力后取得成就时那种独有的快乐。我们喜欢有趣的、快速的、容易的事情。我们更感兴趣的是神童和天才，而不是那些一步步迈向目标的人。保罗·班扬这样的民间英雄取得巨大成就，不是靠辛苦工作，而是靠天赋异禀；当代的超级英雄们也是靠各种时髦科技或超能力，不需要一滴汗水而取得成功的。

为了避免付出艰辛的努力，我们降低了标准。低标准已经渗入我们的机构，植入我们的公共政策，融入我们的日常生活。广告商们千篇一律地暗示我们，要保持年轻、时髦，就要对历史、文学和国际事务保持无知，就要质疑那些对此感兴趣的“假行家”。在 2000 年美国参议院选举中，有一位毕业于常春藤联盟名校的候选人，为凸显自己的“纯平民化”特质，避免表现出精英化的知识兴趣，竟然说自己从未听说过美国著名作家 E. B. 怀特。[1]

“追求卓越”“出类拔萃”这些概念的最后一丝实质性痕迹似乎已消失殆尽，学术界尤其如此。“高等教育研究”追溯了过去 8 年来美国大学教育通行要求的下降趋势，结果表明：几乎所有重点大学颁发的学士学位证都严重“注水”[2]。许多大学不再要求英语专业学生阅读莎士比亚或乔叟的作品。加州大学欧文分校的举动更让人震惊，竟然允许英语专业大一学生自主选择，每周就老师布置的某部文学作品或自己喜欢的电视节目写一篇论文。大学都在谴责“分数通胀”泛滥的问题，然而，加州大学欧文分校的老师们却被告知，不管英语专业大四学生的学业表现如何，都要尽量给他们 A，否则，他们就很难进入研究生院，因为其他大学都存在着“分数通胀”现象。[3] 2001 年，91% 的哈佛大学毕业生都获得了“优秀学生”称号，每两个学生中就有一个的成绩是 A 或 A–。[4]

美国现在的公立学校的教学标准和考试成绩不但不如过去的，还落后于其他国家。[5]例如，1998 年发布的新版明尼苏达多项人格量表（MMPI）——通常用于诊断重症精神疾病的一种测试——就让心理学家们大为惊愕。根据 1948 年起实行的旧版量表，病人的诊断标准为 6 年级阅读水平，而新版量表的标准为 8 年级阅读水平。阅读水平要求提高，随之引发了广泛的争议，直到量表修订小组发表声明：两个版本量表的阅读能力要求实际上是相同的，因为 1998 年的 8 年级阅读水平就相当于 1948 年的 6 年级阅读水平。[6]

在这种低标准的氛围中，难怪会出现“高成就”这个词语。那么，这个词语到底有何含义呢？是人们真的能够获得高于其能力的成就，还是高成就者获得了高于其应该获得的成就？也就是说，超出了其他人的预期范围或者获得了让他人感到不安的成就？我认为是后者。我们已经堕落到了这种地步：我们的期望太低，一旦有人付出超常的努力，就会被人造谣中伤。如果是这样，每个人都应该是高成就者。

低标准无处不在，鼓励我们降低对自己的生活、情感的要求，甚至是人生的期望。更进一步，我们降低对人际关系、自我认知、学识素养和个人成就的期望和要求。实际上，谁也无法免受这些影响。

流行文化崇尚即时性、时髦科技和省时省力，那些宏大的理念都已枯萎，英雄般的追求也已不合潮流。仔细审视我的生活，我发现自己有时候也会拖延一些重要的事情，把它们推迟到未知的将来；对于可能的事情，也会压抑激情、目光短浅。

## 选择面对障碍的正确方法

我渐渐意识到，无论人们最终取得多大的成就，在通往成功道路上的某个时刻，几乎都会碰到障碍或充满疑虑。事实上，成功者与失败者的最大区别就在于他们知道如何应对自己面临的各种障碍。不与个人障碍和文化潮流抗争的人，最终会变得麻木、疏离，接受低品质，习惯于低标准，得过且过。如同柏拉图的“洞穴隐喻”，人们本来应该满足内心深处的渴望，却满足于“近似影像”。

不幸的是，那些最有潜能获得真正成就的人，尤其容易陷入低成就的旋涡，不但对其自身造成毁灭性的后果，也会给社会带来不良影响。低成就的破坏性，虽不如吸毒、暴力等问题那么严重，但我们因其潜在的影响而付出的代价可能超过我们的想象。我们因此损失了多少哲学家、艺术家和发明家！又有多少才华横溢的人自暴自弃！

我们并不是没有注意到低成就这种现象。20 世纪 90 年代，这个词语的使用频率暴增。媒体报道低成就的运动员、低成就的工作团队和业绩不佳的公司，也是司空见惯的事情。尽管拥有才华、资金、市场地位等优势，有些个人或单位却未能取得与其潜能相匹配的成就。人们清楚“低成就”这个概念，但谁也无法解释其原因。

为某个东西贴上标签，并不意味着就理解了它。一旦贴上“低成就者”这个标签，我们往往就不会继续追问和理解。而且，只有在描述的时候，这个标签听上去才会像是疾病诊断。低成就并不是一种个人无法控制的症状。尽管它具有限制性、习惯性、顽固性和破坏性，但它是可以被改变的，我们不用将“低成就”加入 20

世纪八九十年代大众心理学涌现出的那一长串功能性障碍的名单之中。

所有的标签都隐含着价值判断，因而都是有问题的。有些人会问："究竟什么是低成就？谁说每个人的成就都是定量的？什么情况下可以说某人是低成就者？谁说低成就是一个问题？"

为了寻找上述问题的答案，我提出了替代性方式，用来思考低成就问题。不可否认，这是主观性的，在很大程度上，低成就和高成就只是程度高低不同而已。

基于这样的考虑，我和同事组织了一个低成就成人核心辅导小组，包括课堂讲授、实用技巧辅导、团体治疗和自主探究等部分。这些方法的结合，以及我作为教练、心理治疗师以及有数百名低成就者参加的研讨课协调人的经验，就是本书写作的基础。

我在此描述的导致低成就的种种行为，如果你感到似曾相识，或者你发现你的兄弟、母亲或儿子有这些行为，那我强烈建议你读完本书。你拿起了这本书，我就冒昧揣测：你想改变，或者你希望某个你挚爱的人改变。不过，只是渴望改变还不够，至少你要做出明确的决定，并承诺自己会努力改变。

很不幸，自我设限的人，会习惯性地逃避这种承诺。要最大限度地发挥潜能，你就必须改变那些根深蒂固的旧习，培养新的技巧。而要做到这一点，你就必须清楚自己要去哪里，并制订路径计划。否则，如同不断撞上门窗玻璃的苍蝇，你会不断地碰到隐形的障碍。

本书是一个路线图、一个计划、一套工具。它是从"极限潜能计划"中提取的技巧精华，并结合了我的多年研究成果和 20 多年的临床经验，为战胜潜能障碍提供了一种实用而有效的方法。

拥有潜能却选择退缩，从根本上讲，这是一种自我放弃的行为，放弃的是自己的最大利益。相反地，实现自我提升，不但是人生的核心使命，也是最令人激动的人生历险。

# 目录

Contents

## 第二部分 你想要的改变

# 第一部分

# 这是你想要的生活吗？

# 第 1 章

# 你的目标，限制了你的成就

人就是这样。他们瞄准的目标太低，因而只能获得那样的成就。

——帕特里克·怀特《探险家沃斯》

人的沉沦史，更为常见的，不是某个重大的行为……而是屈服于环境中的种种小诱惑。

消极地看待未来的自己，看着自己毫无反抗地走向未来，行为不端，只能取得低成就。此时，我们就身处危险的边缘。

——乔治·艾略特《米德尔马契》

圣诞节的前两天，下午 3 点半。我刚认识奥古斯都不久，他很有风度、热情，主动提出帮忙，开车送我出巴黎城。我到巴黎不久，对这个城市不熟悉。我新租的公寓必须粉刷后才能搬进去。油漆师傅——他特别指定要巴黎城北某家店里的油漆——希望圣诞节后第一天就动工，而我的任务是去店里把油漆取回来。

道路非常拥堵，我们开了一个多小时车才出了巴黎市中心。奥古斯都和我轻松愉快地聊天，让时间过得很快，直到我们经过一个十字路口，我发现他情绪突变。他说，我们错过了转弯，他也不知道如何开回去。我问他是否需要我看看地图，他告诉我，他把地图从车里拿走了，扔在家里的某个地方。

接下来是紧张的 5 分钟，我们都呆坐在车里。终于，奥古斯都打破沉默，问我能否在店里关门前赶过去。我未能理解他说这话的意思，于是说道："没问题，肯定可以赶到那里。现在刚过 4 点半，就算店里 6 点关门（这在巴黎算早的啦），我们还有将近 1 个半小时哪。"

我们的车继续向前蠕动。突然，奥古斯都拉上手刹，一言不发就冲下汽车，穿过密集的车流，跑到前面的一辆出租车前。回到车上，他显得开朗了不少，直说出租车司机帮了大忙。在下一个转弯路口，我们驶离了车流，去寻找某条街道。然而，没过多久，我们又出状况了。奥古斯都把车停在一个地铁站口，研究看板上的地图，重新寻找方向，然后，我们朝着新的方向出发。开了几分钟，并没有接近目的地，反而离目的地越来越远了。奥古斯都承认，我们迷路了。

奥古斯都拦住一位正在遛狗的女士，向她寻求帮助，边听边点头。接下来的 45 分钟里，我们在半工业化的巴黎北部的小街道上东窜西窜，仿佛是在旷野里四处漂泊。一路上，奥古斯都先后问了一位正在修车的男子、几位行人、两位警察以及另一位出租车司机。每次问路，人们都热情地指着不同的方向，说我们快到目的地了，可是，奥古斯都并没有抄下任何东西，似乎听得很仔细，然后会意地点点头。他根据记住的方向往前开，不过，我们并没有接近目的地。下午 5 点 20 分，他把车停在附近的一家酒吧。经过酒吧里的客人一番大声争论后，我们拿到了一张完整的手绘路线图——我们总算有希望了。

我们按照指定的路线往前开，5 点 35 分的时候找到了那条我们找寻已久的街道。根据街道号码的指示，我们向左拐弯。在一个街区，我们发现自己走到了路尽头。我们决定继续往前开，希望能重新开回那条街道。可是，我们再也没找到它。5 点 55 分，奥古斯都给油漆店打电话，说明了情况，询问能否让人等等我们。没有人等，没有路线指引，没办法！对不起，圣诞假日，马上要关门了。

奥古斯都一个劲儿地道歉，说他浪费了我的时间，未能达到此行的目的。我回到公寓，想到这个圣诞节前的下午已然变成了一堂现场示范课，演示了走捷径的诱惑力、潜在后果及失败原因。

## 因为怕麻烦省去必要步骤，会引发新问题

其实，这种行事方式很常见。我以前有个病人，名叫查理，他曾对我说，他宁可在路上打 10 通电话问路，也不愿随身带上地图。查理很聪明，迷人又热情，可能是我碰到的最有魅力的男人，但他

凡事都喜欢走捷径。电脑刚出现的时候，查理就封自己为“电脑专家”“维修博士”——别人都不知所措地放弃了，他不看说明书或使用指南，就东捣鼓、西敲敲。通过这种大胆的维修方法，他通常可以奇迹般地解决电脑故障。不过，事后他也说不清楚自己是怎么修好的、为何要这样修。他的妻子和朋友们时常抱怨，他当时是解决了电脑崩溃的问题，但他们的电脑功能却大不如前。他自己的电脑也经常发生软件崩溃和硬件故障的问题，不得不花大量的时间对设备进行维修或更换，但他乐此不疲，继续走捷径。

奥古斯都的“导航”策略是朝着正确的方向出发，沿途再解决细节问题。这种策略有着内在的缺陷，有时以失败告终，不过效果很“不错”，已经成为他的标准做法。例如，此前有一次，奥古斯都一时性起，要去一家饭店吃他喜欢的地方招牌菜。他既不知道这家饭店的名字，也不清楚它的位置，就开车载着我和我们共同的朋友，朝着巴黎战神广场的方向东拐西窜，寻找一条他坚信可以找到的街道。

找到饭店的时候，饭店已经关门 5 分钟了，不过这却证实了奥古斯都拥有“直觉导航”的天赋。他责怪饭店老板过于死板，不为我们这样的“朝圣者”重新开放厨房，真是令人扫兴。午夜时分，我们坐在另一个地方吃饭，奥古斯都声称，如果那是他的饭店，有那样忠实的客人如此不落俗套地前来吃饭，他肯定会奖励他们，重新开放厨房。我相信他会的。

查理和奥古斯都是这样聪明而富有才华的人，比较讨厌常规做法，拒绝千篇一律，认为有些步骤毫无必要。小题大做、过分关注细节，这肯定会浪费时间，省去毫无必要的步骤，可以提高效率，并且具有创造性。但是，如果只是因为怕麻烦而省去必要步骤，就会引发新的问题。

例如，粉刷墙壁之前，如果不在地板上铺好罩布，粉刷完后你就得清理地板。不查看银行账户的存款余额，就可能产生透支费用，还要浪费时间处理后续的麻烦事情。

有这样一个寓言：有 5 个聪明的童女和 5 个愚钝的童女。聪明的童女为了度过长夜提前给油灯添好了灯油，为可能的意外做好准备。愚钝的童女没有做这一步，结果她们的灯油耗尽了。圣诞节前两天，在巴黎北部的那个陌生地方，奥古斯都固执地使用临时凑合的办法，结果浪费了时间。他和那些愚钝的童女一样，也耗尽了“灯油”。

奥古斯都很和蔼、聪明，在很多方面都有所成就。从道理上讲，他完全有能力设计出行路线，但是他认为自己不用看地图，能凭直觉到达目的地。虽然可能会迟到一会儿，却给从 A 点到 B 点之间的行程增添了一点冒险的色彩。如果他迷路或走过头了，他会选择退缩，很快又振作起来。如果耽搁了时间让别人等候，他会难过，诚心道歉，然后把情况讲清楚，让人深信不疑，因而没人会对他的迟到耿耿于怀。

同样，查理并不清楚他的策略具有负面性，他认为自己维修电脑碰到的那些问题，更多的是因为电脑操作系统不稳定，而不是他的方法有问题。显然，他的逻辑是有漏洞的：如果电脑操作系统不稳定，那么他忽略这一点，最终造成的损失会更大。

热衷于走捷径的奥古斯都和查理，有时候连简单的任务也完成不了。超常规的、冒险的方法对他们来说有着无穷的魅力，不但会给单调乏味的任务增添活力，还可以让他们区别于那些查看地图、阅读手册、胆小求稳的平凡人。如果任务完成了，他们会觉得自己聪明绝顶，认为自己过着多姿多彩的生活；如果任务失败，他们会觉得：太糟糕了！不过，总不能事事都成功吧。

省略步骤的处事策略，其风险在于：它会成为自我设限的桎梏。如果你没有必要的耐心和条理性，即使很容易做到的事情，你也不会为之努力。所有重大的事业都有单调性，完成复杂的任务，省略步骤是行不通的，甚至具有很高的风险。

采用自我设限模式，高潜能者（High Potential Persons，HPPs）即使拥有非凡的才华和能力，也无法从中获益。在本章中，我会大致描述低成就的高潜能者的基本特征，界定低成就问题并明确其自我设限的方面，引述低成就者的常见特征，描述隐藏在常见低成就行为之下的那些主要的自我挫败、抑制潜能发挥的模式。我还会指出，自我设限习惯会降低我们对自身成就的期望，不过，这种习惯是可以改变的。

## 阻碍你获得高成就的习惯

下面这些是你的习惯吗？

- 走捷径，尽可能少做事，即使是很重要的事情。
- 更多的时间并不是在工作，而是准备工作、逃避工作或者让别人去做。
- 不够努力，或者反复无常。
- 缺乏真正的参与度，即使是面对生活中最重要的那些活动或人际关系。

- 做决定时举棋不定。
- 制订计划、谈论计划，但就是不执行计划。
- 无法使工作和生活保持条理化。
- 无法实现长期目标，因为缺乏适当的计划和持久耐力。
- 总是对新的冒险非常兴奋，但新鲜感消失后便开始失望、倦怠。
- 盲目开始，感到乏味无聊后频繁改变方向和目标，渴望新的开始。
- 不能完成重大的计划，无论是不是自己喜欢的事情。
- 接近成功的时候，往往选择放弃。
- 拖延。
- 参与那些低于自己真实能力的、因而获得较低成就感的工作或其他事情。
- 喜欢非传统的但缺乏成就感的职业，不喜欢传统的、按部就班的工作，不想满足老板、上司的要求。
- 你原本认为只是暂时的情形，却老是深陷其中。
- 自我怀疑，缺乏自尊。
- 害怕不能达到自己或他人的期望。
- 总是担心自己是“不懂装懂”、是骗子，而且即将被拆穿。
- 不想失望或失败，因而停滞不动，不敢追求内心的梦想。
- 对成功所需的条件抱有不切实际的认知。
- 迟迟不想做出重大的承诺，以此逃避选择。
- 无法使风险与机遇保持合理平衡，不是习惯性地承担无谓的风险，就是过于求稳，或者在这两者之间摇摆不定。

- 把失败归咎于“运气不好”或他人过失，不肯承担责任。
- 觉得自己社交不适，在重要的人生节点上已落后于同辈。
- 觉得时间快用光了而自己还没有开始。
- 经常抑郁、沮丧。

上面列出的，是我辅导过的陷入自我设限惯性模式的高潜能者的主要特征。你的答案会给你警示，让你知道你是如何限制自己潜能的，有助于你开始改变自己的“航道”。你给出肯定的答案数量越多，就越表明你可能已经采取了某些模式。识别这些模式，将帮助你诚实地面对自我，知道在多大程度上因为自我欺骗而未能实现自我价值。

你很可能符合上述的许多特征，不过，也不是没救了。因为和你一样的人有很多。面对目标，会有自我挫败习惯、中庸期望、中庸努力，这种情况太普遍了。有太多舞者不再跳舞，太多作家不再写作，太多运动员中途退出、备感迷茫——这些人富有天赋，散发的光芒却转瞬即逝，然后就出于某个原因销声匿迹了。这种人随处可见，无论是在会议室、家里还是在员工休息室，从运动场到医学院，所有年龄群体，所有人类活动领域，不分人种、民族、社会经济地位，他们获得的成就低于其应该获得的成就，或是放弃了内心真正的渴望。

你符合上述特征，并不是说你就穷困潦倒、毫无成就。在旁观者看来，你可能做得还不错。不过，你知道自己本来可以走得更远，却退而求其次，满足于简单、传统、实际的东西，从未发现内心

“燃烧”的梦想，或者将梦想弃置一旁。

你也许多才多艺，从小就展现出超凡的能力：在学校里，和许多同龄人相比，你学得更快，在舞蹈、诗歌、体操、音乐等方面更有表现力。别人勉强学会的东西，对你来说却是轻而易举的事。你拥有获得真正成就的潜能，然而，不知为什么，也不知什么时候，你就把事情搞砸了。在工作、创造力、人际关系和其他重要活动方面，你没有完全把某种东西展现出来；在设立和跟进目标方面，你缺失了某种东西。

那缺失的是什么东西呢？有哪些至关重要的内在潜能尚未被开发，暗中阻碍着你成功？才华本身是否变成了你的负担，造成了你的低成就？你是否因为某种恐惧而不敢施展才华，因而未能实现自我价值？

不幸的是，出于某些（我们即将深入探讨的）原因，越富有天赋的人，越容易陷入低成就的旋涡。针对高中优等生的研究表明，高达 50% 的优等生本应获得更高的学业成就[1]。这些统计数据让人感到震惊和不解，然而，学业低成就还只是潜能被扼杀、成就被削弱的一个方面。

天赋异禀的人随意挥霍他们非凡的才华，过着浑浑噩噩的日子，难免会引人关注。你可能就认识某个人，他拥有天才般的智商，上大学时一帆风顺，完成了所有课程和博士论文，就差论文答辩，却在最后关头放弃所取得的成绩，整日放荡不羁、酗酒成性，最终英年早逝。你也可能听说过某个才华横溢的作家或天才音乐家将自己的天赋挥霍一空，最终一无所获。

然而，低成就绝不只是才华横溢的人或草率任性的人独有的，他们有时并不会有极端的姿态或行为。许多有天赋的人在不知不觉中就陷入了自我设限的模式。我见到的人，几乎都觉得自己当初只要再努力一点儿，就可以做得更好。我还没有见过有谁认为自己已经发挥了所有潜能。

上述自我设限模式的特征，即使你只符合几条，也大概知道自己的潜能正在被扼杀。无论是有意选择的还是被迫选择的，无论是处在极端状态还是只有轻微的程度，只要你忽略自己的抱负、没有全力以赴、安于现状，就是在扼杀自己的潜能，就是在自我设限。

## 面临选择，不要逃避

辛迪，37 岁，频繁约会，却一直未结婚。她对婚姻不是很了解，感觉自己的恋情就是内心对婚姻的感觉的晴雨表。她的恋情只有一次超过 3 年，其余的都很短暂，没有超过 18 个月。

一直以来，她觉得自己一定要找个完美的灵魂伴侣。最近，她找到了那样的人，却出现了问题。对方是真心喜欢她、爱她，她也为他痴迷，可是，她却感到有些恐慌，对过往的恋情进行了审视。她开始认真考虑：恋爱都是现实的，完美的恋人是不存在的。

辛迪觉得自己没有真正有意义的人生成就。她的地产销售工作做得还算不错，但这不是她的兴趣所在，因而工作时断时续。她知道是该做出重大的改变了，她正处于重要的选择关口。

▲ ▲

罗纳德望着窗外，黑色的眼睛四处游移。他抚摸着下巴上的胡楂，大声地说，也许他当初就不应该放弃当教授的念头。他有些激动，继续说道，他曾经认为那就是他真正的使命。他喜欢那样的工作环境和氛围，喜欢影响年轻人，甚至喜欢大学城。然而，念博士的时候，他发现自己的历史学课程都是狭隘、迂腐的学术分析，教授们都狂傲自大。

他换过多个专业，数度休学，认为整个高等教育的理念都存在严重的问题，并因此感到困扰。他中断学业，重新确定了自己的目标，开始从事自认为可以学到真正的人生经验的工作——在维尔京群岛当酒吧侍者、在丹佛开出租车、在泰国和柬埔寨做导游。他始终认为，旅游是最好的学习方式，在大街小巷更能学到东西。他随时都会写日记。他现在依然认为，他的日记是很好的素材，可以依此写一本有趣的游记。

他学过短暂的医学预科课程，在此期间，认识了学护理的蒂娜，为了节省开销，两人开始同居。他突然觉得“她棒极了”，然后就结婚了。蒂娜的工作收入支撑着他们的日常开销。他们总是四处搬家。他感觉她越来越不耐烦，他自己也总是焦躁不安。他觉得自己现在应该混得更好。

为了还清学费贷款，他找了份药品推销的工作。他经常和医生助理畅谈哲学问题，而这个时间他本应去拜访其他客户的。他并没有打消回去读完博士的念头，但他心里清楚，这样一来就会耽搁更多的时间、欠下更多的债务。38 岁的他感到时间在飞逝，只希望自己积累的人生经验可以在某个时刻派上用场。

▲ ▲

史黛西，46岁，活泼、漂亮、身材苗条、充满朝气。她是素食者、有机食品种植者，经常运动健身。十几岁的时候，她发现自己的未来充满无限可能。她的成绩很好，擅长平面设计、游泳、跳水，还有体操和舞蹈天赋，但是，她却放弃了这些才华。例如，教练要求她参加正式的舞蹈比赛，于是她就放弃了体操。为了继续学习舞蹈，她推迟一年上大学。可是，一家专业舞蹈公司邀请她加入的时候，她又突然放弃舞蹈，跑去上大学。后来，她休学了，20年来再也没回过学校。

出于气候的原因，史黛西从东海岸搬到了圣地亚哥，先后做过空姐、酒吧女招待、房地产经纪人和健身教练，同时还兼职推销护肤品和膳食补充剂。她有烹饪的天赋，曾经认真考虑过要开一家素食餐厅，但在最后关头又因为太费事而作罢。40岁生日那天，她搬到了旧金山湾区，断断续续地在健身俱乐部工作，做过餐饮服务，还念完了营养学和按摩疗法课程，但都没有作为职业去继续努力。任何事情，只要开始做，她都可以做到最好，但她对所有事情的兴趣都不会长久。

深入交谈后，史黛西坦承，一直以来，她都梦想着做舞蹈设计，可是，尽管一直和舞蹈界保持联系，她却从未去做过。我问她为什么，她将手放在胸前，低声说道："到最后，如果我不喜欢或是不擅长，怎么办？"

史黛西的生活并不缺乏色彩和趣味。她选择了自己的道路并获得了阅历，因此她并不感到后悔。可是，她总是在重要关头选择求稳。她觉得自己远不如同龄人成熟，在重要的人生节点上也没有好好选择。她在想，要不要结婚？生孩子会不会太迟？要不要找份正式的工作？她知道自己不能再拖延了，必须做出选择。

人们不必也不应该一条道走到底，人们应该“进化”。但是，辛迪、罗纳德和史黛西的人生道路是循环的，这表明：不管追求什么，你都不可避免地会遇到瓶颈，要想进步，就必须提高目标并做出重大承诺。这三个人在成功的边缘一再选择退却，最终都付出了代价。

有人告诉我一个惊人的事实：艺术学院毕业生中，相当多的人最后一次创作，竟然是他们的毕业设计作品。离开学校后，远离了老师要求、作业任务、专业期望、同学竞争以及支撑他们创作的环境，他们便停止了创作。艺术家谋生都会面临诸多问题。有人会说，艺术系学生开始学艺术的时候就清楚这一点。那如何解释他们放弃了近乎生命核心价值的东西？是他们承认自己天赋不够，还是从“艺术系学生”跃升为“艺术家”让他们望而却步？

有时候，画家、运动员、作家、音乐家和数学家放弃自己的天赋，是因为他们找到了更为重要的追求或表现形式。不过，更普遍的原因是：面临选择关口，他们选择逃避更大的承诺。

每个人时常都会面临选择关口。你是选择追求更为复杂、更有挑战性的人际关系，还是更加简单、更为安全的人际关系？你是接受责任更重大的新职位，还是想安于现状？你是选择更有挑战性的课程，还是选择轻松就能获得高分的课程？

面临重大承诺，选择退却似乎是人之常情，甚至是有道理的。你会说，你的时间有限、精力有限，为什么不歇口气呢？而且，你不能事事都出类拔萃吧。有时候，你得面对现实，不要盲目追求不切实际的东西；你得放松，不要逼迫自己不断努力。更何况，如果你全身心投入，结果依旧失败了，那该怎么办？你会说，谁想成为拼命工作的工作狂呢？为什么不享受生活呢？

但是，如果你在下一个关口依然选择退却，那这种选择就可能影响你的命运。你会逐渐养成习惯，选择不太困难、不太危险的路，一次次地放弃机会，从而限制了自己的人生，生命也失去了光彩。享受生活有多种途径，努力实现目标就是其中之一。追求和实现有意义的目标，能给你带来愉悦，如果你总是选择放弃，最终就会停滞不前。有些人之所以产生中年危机、充满焦虑，大多是因为他们意识到自己无缘无故放弃了太多机会，忘却或是抛弃了自己的梦想。

有时候，你需要很长时间才明白自己太过放任自流，太过走捷径、图省事。某些时候，你会因为抗拒要求而感到高兴，发现逃避工作是聪明的做法，认为自己比那些生活单调、毫无自发性的苦干者更聪明、更机灵、更有心计。如果你漫无目的地工作或生活，并引以为傲，或者将懈怠当成有意义的生活方式，那抗拒改变就可能成为你的处事原则。比如，有些高潜能者步入中年后，还在不停地讲述他们侥幸成功的故事以及欺骗他人的花招，仿佛那才是他们生命中最美好的时刻。

低成就的高潜能者给那些想激励他们的人出了一道难题。各大公司为员工发展和激励制度投入巨资，却往往发现组织能力和时间管理研讨会、绩效管理考核、促膝谈心、晓之以理、奖惩措施等常见方法都无法影响那些习惯于自我限制的员工。激励手段的成效很有限，甚至适得其反。如果不解决深层次的问题，所有的干预方法都会失败，他们甚至会更加抗拒改变。而且，其他人想办法激励高潜能者，就间接表明，其他人应该解决这个问题，应该为他们提供有效的“疗法”。

因此，试图帮助他们的人最后都会放弃努力，不再期待他们会大器晚成。其他人认定高潜能者无可救药——不可辅导、不可教、不愿改变，所以干脆放弃了。例如，1998 年，福特汽车公司给那些有才华但低成就的员工支付退职金，让他们离开公司。[2]

如果有人不断激励你要发挥潜能、有所作为，那你可能也会一直抗拒改变。有时候，你很难分辨什么是你不想要的——别人会给你更大的压力——什么是你想要的。然而，你必须分辨清楚。因为一旦厘清状况，你就会和其他人一样渴望寻求前进的道路，找到改变的方法，从而缩小自己和别人之间的差距。

不管你现在状况如何，也不管你做过哪些尝试，本书所提供的这些方法，必将帮助你获得真正的进步。还要说的一点是，想要更高效地改变自己，就得先了解你面对的敌人是谁。

## 能够做好的事情，一定要好好做

我已经对“未实现潜能”这一问题进行了描述，现在，我来给出一些定义，换个方式看待这个问题。这些定义重点关注问题的本质以及造成低成就的内在原因。很显然，并非所有的高潜能者都会变成真正意义上的低成就者，他们中的有些人或多或少发挥了自己的潜能。但是，许多高潜能者有意或无意地给自己的人生设限。也是出于这个原因，我在本书中将低成就的高潜能者称为“自我设限的高潜能者”（Self-Limiting HPPs）。

■ 你是通过自己的选择限制自身成就的。专家评估或测试证明你有某种天赋，如果你没有去发展这种天赋——成为有创意的厨师、顶尖的机械师、优秀的体操运动员或优秀的教师，那你就是在自我设限。例如，你的IQ分数很高，那么学习成绩就应该很好。学习成绩好，就应该在符合你兴趣和志向的事业上取得成就。能够做好的事情却不去做，这就是自我设限行为。

自我设限行为是一种选择，这个定义可能与你的经历相悖，甚至感觉像是某种指控。你可能想不出自己有意识做出过限制成就、蓄意破坏努力的决定。你也可能觉得，现在的情况绝不是自己的选择。相反，你会认为，你已经竭尽全力追求成长，只是碰到了坏运气或意外情况。这两者都是真的，但选择依然是自我设限的重要因素。

首先，你不一定知道或意识到选择的存在。你可能做出了选择却不自知。你甚至可以“缺席选择”，也就是说，不选择也是一种选择。

其次，大多数人都会认为，只要是习惯做的事情，都是正常的事情，因而你也会认为自我限制行为并不是一种选择，而是自然的行为方式。你可能并不知道，在你“自然地”行事的过程中，你已经做出了很多选择。也就是说，你现在觉得正常、自然的事情，其实原本是选择问题。一旦明白了选择的这种特性，你就可以做出新的选择。

你可以做个简单的测试：摘下手表，把它戴在另一只手上，维持一整天，看看是否感觉奇怪或不自然。

选择哪只手戴手表，这当然与“天性”无关，只是习惯问题。看看你擦护手霜或刮胡子的方式、洗澡时进出浴缸的方式，你会发现，你总是以同样的方式做这些事情。换个方式，看看自己有何感觉。我想强调的是：你可以继续选择毫无益处的自我挫败习惯，只因为你感觉它很“正常”；你也可以拒绝接受非常有益的改变，只因为你觉得这件事一开始很奇怪。

不管感觉有多自然，限制自己以及限制自己努力都是自我挫败的行为。通过自己的行为，阻止自己成功，还有什么比这更自我挫败的行为吗？[3] 只要你选择逃避目标并且不顾这样做的后果，你就是搬起石头砸自己的脚。前面我们已经看过奥古斯都和查理是怎样走捷径的，下面还有更多的例子，让我们看看他们是如何自我设限和自我挫败的。

- 奥菲利亚，觉得自己化学期末考试肯定无法及格，于是决定不再为之努力学习。结果，她没有及格。

- 克里斯，讨厌公共演讲，拖了很长时间才完成重要陈述的幻灯片，准备得很仓促。他的陈述很糟糕，也没有机会再做一次。在接下来的绩效考评中，这件事被记了一笔，他被要求写出自我提升计划，年终奖金也低于他预期的数额。

◆ 达蒙，19岁，即将转到新的大学就读，必须在6分钟内跑完1千米，才有机会加入学校水球队。他有3周时间恢复体能。从未在7分钟内跑完1千米的他，根本不想上跑道去训练。他告诉我，他的母亲以前是游泳运动员，这给他很大压力，所以他宁愿将水球当作业余爱好。

◆ 艾德，擅长棒球，并因此获得一所重点大学的全额奖学金。第一个赛季还没开始，他就退学了，原因是他和教练发生了争执，而且他也不喜欢校园给人的感觉。他放弃了奖学金，转学到另一所大学，却没想到因此要停赛一个赛季。他不想等待，一气之下再度退学。一年后，他进入一所两年制的大学，此时的他还没有修完一个学分，也没有参加过一局比赛。

◆ 丹，计算机程序员，长期失业，一直抱怨面试时遭到不公正待遇。来接受心理治疗时，他坦承说，他不想靠妻子的收入生活，但他对是否回去工作这件事一直很矛盾。为了逃避这种感觉，为了不和妻子争论，他告诉自己和妻子，他一定会找份工作。但是，每到面试时，他都含蓄地贬低面试官和公司的制度，故意弄丢被录取的机会。

丹的自我破坏行为，是想让他的妻子相信：他是被误解的、是受害者，他找不到工作，不是他所能控制的，是因为公司不赏识他的率直。事实上，妻子了解他的矛盾心理，也知道他想掩饰事实。但他从不坦诚相告，这已经损害了两人的关系。

像丹这样的自我破坏，是一种反复的、蓄意的、不太自知的行为。

然而，不管什么行为，只要会降低你获得成功、幸福、成长和成就的可能性，都是自我设限、自我挫败的行为。有些自我设限行为会立即产生后果，有些则要经过一段时间才会显现。

下面是人们在日常生活中常见的自我设限模式：

- 他们隐约觉得自己正在失去某种东西，感到空虚和失落，但并不深究原因，找出解决办法。有些人不喜欢深入探索自己的好奇心、兴趣、抱负、使命或某种令人敬畏的东西，因此，他们的生活缺乏动力、重心、使命感和激情。

- 有些人知晓自己的梦想，但将它束之高阁，视之为某种假设，仿佛拥有梦想就足够了，而要采取行动去实现梦想，简直就是不可能完成的任务。我有一位朋友，30 多年来都梦想着去南极，却从来没有采取过任何实际行动。他知道斯科特和阿蒙森南极探险的故事：斯科特衣着时尚、富有魅力，是一位风度翩翩的探险家，但他几乎没有计划性；而阿蒙森是一个勤奋的苦干家。最终，阿蒙森到达了南极点，而斯科特和他的手下都死掉了。我的朋友总是兴致勃勃地谈论捕鲸站和木船，说亲眼看见该有多好。但他的梦想总是停留在“如果能亲眼看看南极该有多好啊”的阶段，从未向前迈出一步。

- 有些人走得更远一点儿，会研究追求梦想的各种可能性，但很快便放弃，认为法语课、吉他课和陶艺课等都是愚蠢的拓展课程。他们不是在跟进梦想，而是抛弃了梦想，仿佛这样做才显得成熟和现实。或者他们认为自己太过年老、太过年轻、结婚太久、单身太久、离婚太久或胆量太小，因而没有条件追求梦想。

- 还有些人认为，他们现在没有做自己想做的事情，不过一旦条件允许，就会采取行动。然而，新的不利条件会不断出现，出于种种原因，永远都找不到最佳时机。他们从未决定放弃，但就是一直不开始行动。

▶ 迪尔德丽，42岁。4年来，每个季度她都会把市民艺术课程目录中的“初级绘画课”圈起来。连续16期课程，她都计划参加，但每次都没有及时报名。有一次，她甚至都缴了预付金，但后来又选择放弃，把钱要了回来。

与她不同的是，有些人确实获得了成功，但他们依靠的是才华和尽职尽责，而不是激情。他们并没有全身心投入，却实现了一个个人生目标，但遗憾的是，他们的生活缺少激情，也没有释放自己独特的潜能。

▶ 吉姆，已婚，大学终身教授。他说：“我已经快45岁了，却从来没有倾尽全力完成过一件事，因为我所做的事都不是我真正想做的事。我已经跨越了所有的人生障碍，做完了应该做的事，但我不知道是否为自己活过一天。该是改变的时候了。我想找到一件让我倾注激情的事。”

吉姆因为坚守学术规则和传统而事业有成。但是，他没有释放萨特所说的源于内心的“令人恐惧的自由”，从而失去了至关重要的东西。

所有的自我设限行为都会付出高昂的代价。展现好奇心、才华和兴趣的自我表达方式，只要做到极致，就会带来极大的人生意义。然而，人们往往会放弃最能带来满足感的那些东西。有时候他们是有意为之，有时候他们放弃了却不自知。终有一天，他们从沉睡中醒来，还不明白自己是怎么走到这一步的。

现在，想一想你有哪些自我设限并因而自我挫败的行为。拿出纸笔，列出你做过的限制自我能力的那些事情。

现在看看你列出的清单，想一想你是如何削弱自己的。需要一丝不苟的时候，你是否漫不经心？需要严谨的时候，你是否松懈、散漫？是不是某个时候，比较随和的行事方式对你更好，你却过于严苛？你是否拖延，没有全力以赴，或者未能赶上截止期限？你的清单上列的内容可能是不守时，也可能是你决定不去尝试你担心会失败的事情。留意你做出这些决定的时间和方式，要特别注意你选择逃离可能影响你能力和自我形象的那些场合。

## 谁在阻止你获得成就？

自我设限的高潜能者不断地重复其特有的自我挫败行为，假以时日，就会走上难以回头的道路。如果你习惯性地在某个重要领域自我设限，那你在其他领域也很可能会自我设限，并最终发展为全面性的自我设限模式。不过，下面这些自我设限模式并不是固定的，你可能发现自己或某个熟人符合几种模式的特征。这些模式并未穷尽所有的可能性，每种模式所表明的是人们如何在生活中习惯性地阻止自己去获得本来可以获得的成就。

**沉睡者（Sleepers）：**有这种模式的人，往往来自缺乏高成就榜样的家庭或社区。他们对自我、自己的才华以及如何发挥才华缺乏认知。因此，他们可能生活了半辈子都不知道自己有何天赋，或者根本没有想过要发掘自己的天赋。

▶ 多米尼克，34 岁，在美国南部的一个小镇上长大。她学业优秀，不过，她信奉宗教的工人阶级父母却委婉地劝她不要念大学。他们不想让她自我膨胀，所以很少谈论她的聪明才智。正因为这样，尽管她知道自己很聪明、想上大学，但是无法衡量自己的真实能力。她的父母没钱供她上教会学院，还担心“无神论的”世俗教育会带给她不利影响。

后来，多米尼克参了军，快 30 岁时才报名上大学，入学考试成绩很优秀，进入新生“荣誉班”，毕业后成了一名小学教师。但是，现在她仍在思考一个问题：她是否低估了自己的抱负？

“沉睡者”未能在早期发现自身的潜能，往往是因为父母不想宠坏他们或让他们自我膨胀，从而导致他们缺少机会，缺乏别人的支持和指导。同多米尼克一样，很多人最终靠自己发现了自我。而有些人则选择继续沉睡，不愿意探索自己的潜能。

**随波逐流者**（Floaters/Coasters）："随波逐流者"知道自己的能力，也看见了机会，甚至还有人向他们招手，但他们很少采取行动去发挥潜能。有的人犹豫不决、行动迟缓；有的人则懒散、怠惰、缺乏雄心。"随波逐流者"的主要特征是消极、缺乏上进心、不够投入。

▶ 戴夫，38岁，觉得自己一事无成，也不明白自己是如何落到这个地步的。他的目标不高，只想轻松地念完大学就行。他没有积极地采取行动，因而关上了好奇心、兴趣和机会的大门。他觉得大学校园广播站很有趣，打算去看看，探个究竟，但直到毕业也没有抽出时间来。

他还错过了很多其他事情——进入辩论队的机会、加入教授的研究项目的机会、两段非常有希望的恋情。这些机会都需要积极争取，但他根本就没有采取行动。戴夫说，现在一想到那些被他轻易放弃的机会，就感到痛不欲生。

戴夫念的是商学专业，不过并没有什么特别的原因要学这个专业。毕业后他从事销售工作，没有激情，也不太成功。这些年来，一直有人告诉他，他有能力做很多有趣的事情，但这些机会都需要积极争取，可他觉得自己没有动力。他总结道："可能是我跟这些机会命中无缘吧。"

像戴夫这样的消极被动的"随波逐流者"，志向不高，安于常规，只求活得舒适和随意，总是处在边缘状态，毫无成就感和满足感。他们的工作通常都是由朋友推荐或偶然的机会得来的，自己几乎从来不会积极、主动地去求职。所谓理想抱负，都是昙花一现，要实现理想似乎是不可能的事。其实，哪怕多努力一点儿也会带来巨大的变化，但他们就是不采取行动。

**进退两难者**（Checkmates）：这种人拥有多个理想，但这些理想相互矛盾，令他们举棋不定，无论他们怎么努力挣扎，都无法冲破困境，因而感到绝望、动弹不得、无力自拔。“进退两难者”并不消极，他们只是觉得自己无法摆脱理想和抱负相互冲突的困境。

▶ 纳迪娅，35 岁，被 4 个同等强烈的愿望所困扰而无力自拔，实现任何一个愿望，都不得不放弃其他三个——她想要个孩子；想事业有成，换个公司工作；想彻底放弃广告工作，回学校攻读心理学硕士学位，考取婚姻、家庭和儿童心理咨询证书；想维持现状，因为舍不得现在的那些同事，他们尊重她的创意，帮助她事业起步，而且现在的薪水很不错。

像纳迪娅这样的“进退两难者”，通常都是完美主义者，他们不自觉地对生活进行周密的安排，使得改变几乎不可能发生。“进退两难者”来接受辅导时，如果真让他们寻找摆脱困境的方法，他们就会感到纠结，而且他们对于“改变是可能的”等各种建议也心存恐惧。许多自我设限的高潜能者会不自觉地陷入进退两难的困境，这样就有了不用采取行动的理由，他们觉得所有的解决办法、所有的道路、所有的可能性都有问题。

**绝不冒险者**（Extreme Non-Risk Takers）：这些人生活的重心就是将风险降至最低。这并不代表他们的生活平淡乏味，虽然有时候就是如此。他们会尽量避免可能失败的事情，喜欢不太有挑战性、并非他们真正喜欢的职业、人际关系和活动。前面提到的那位素食主义者、曾经的舞者史黛西就是典型的“绝不冒险者”——至少在最大限度地发挥潜能方面是如此。

有些“绝不冒险者”会把某个事情或梦想极端理想化，以至于不容许自己去追求，唯恐这样做会破坏完美的形象。他们不但担心自己可能不配拥有这个梦想，还害怕自己会因为梦想无法实现而失望——不管是哪种情况，他们宁愿自己没有梦想。

**拖延者**（Delayers）：“拖延者”生活中的中心主题就是推迟重大的决定和承诺。他们不只会推迟那些影响深远的行动，还会拖延所有的选择和承诺，不分大小。他们在生活中喜欢推迟行动，因此，他们总是在期限到来时还未完成任务，待办事项堆积如山。

最重要的是，“拖延者”不想长大，而是喜欢自我放逐，逃避恒心、承诺、投入和认真等成人价值观。“拖延者”是害怕成人世界的担当、喜欢尽量推迟行动并尽快安定下来的自我设限的高潜能者。他们对很多事情都是浅尝辄止。他们是半吊子，一知半解，总在尝试各种可能性，但都不愿意全心投入。

**功亏一篑者**（Stop-Shorts）：这种人知道自己的能力，胸怀大志，也取得了明显的进步，但在快要实现目标时却选择退缩。他们停止前进，是怕一旦完全实现了为之奋斗了很久的某个目标，就会完成人生的某个阶段，就要扮演某种角色或承担某种责任。

“功亏一篑者”习惯性地努力到某个程度，但他们的努力总是低于成功所需的阈值，面临突破却选择停止努力。他们修完课程，却不完成毕业论文；获得执照或资格证书，却不开始从事相关职业；念完了法学院，却不参加律师资格考试；小说快要写完时却文思枯竭；或者以其他方式，在自己擅长的领域里扮演着边缘人的角色。这样，他们就可以降低自我要求和期望，减少恐惧感，以免过度紧张或压力过大。

他们未能跨过的障碍，有时候是一些不可思议的琐碎小事。

▶ 玛拉，31 岁，在一所重点大学的郊区分校修完了教育学硕士课程。后来，这所大学的分校办公室关闭了，并告知毕业生如何联络本部的教育系，以便取得正式的学位证书。可是，5 年过去了，玛拉还是没有去联系教育系。

有些“功亏一篑者”距离完成目标只有一步之遥，但为了获得认可，会尽力营造某种特殊地位的“光环”。这种现象在那些完成了博士课程但未完成博士论文的人中相当普遍，他们给自己的名字加上“Ph.D.A.B.D”（“只差论文的博士”）标签，仿佛这是个获得认可的头衔。

“功亏一篑者”常常追求完美、焦虑不安，出于自己都不太清楚的恐惧，无法真正实现目标。

**自我怀疑者／自我攻击者**（Self-Doubters/Self-Attackers）：这些人拥有很高的标准，高到他们感觉自己根本不可能达到，也很少为之努力，从而阻断了自己的成功之路。不过，他们不会为自己没有努力而寻找理由，也不会归咎于他人。相反，他们会毫不留情地强调自己的过错和失败，以至于对自己已经取得的成就也不屑一顾。他们实际上胸怀大志，但他们只接受理想化的完美成就，不容许自己享有部分的成功，因而缺乏不断去尝试的动力。

矛盾的是，“自我怀疑者／自我攻击者”会以自我批评的方式来保护自己。借由自我攻击，他们会说：“虽然我没有取得完全的成功，但至少我没有接受自己。”通过非常严厉的自我批评，只愿付出最低限度的努力就变成不愿甘于平庸。然而，他们知道自己已经甘于另一种平庸，因此他们还会自我攻击。

如果努力了并获得显著成就，他们往往会觉得自己只是侥幸成功，不值一提。他们觉得自己不配得到赞赏，因为成功来得太快、太容易，或者没有经过导师的指导以及业界泰斗的认可。因此，他们觉得自己没有付出就成功了，是一种欺骗行为，迟早会被人当成骗子揭发出来。

“自我怀疑者／自我攻击者”会逃避要求和期望，他们害怕达不到自己的标准，所以很难遵守时间上的承诺。因此，他们经常拖延，然后又责怪自己反复无常、不值得信赖。他们害怕失败，但成功对于他们来说同样是惩罚，因为成功会带来更高的要求和期望。这一切让他们感到焦虑不安、不堪重负、精疲力竭——他们是才华的“逃兵”、成功的受害者。

**施展魅力者**（Charmers）：“施展魅力者”是“打算”之王。他们通常都有不错的打算，但往往将个人魅力作为努力的替代品。他们轻装旅行，凡事都不认真，放任自流，常常用友善的幽默感去化解他人的批评。因此，他们会形成不可靠的行事模式，包括未在规定期限内做完事、开会前准备不足、做不完任务（为此，他们要么拼命道歉，要么让你觉得是你自己当初没把事情的重要性说清楚）。

“施展魅力者”常常做出漂亮的但不可能实现的承诺，因此，他们往往在计划进行中途突然消失，也不给指望他们的人打个电话或做出解释。他们将自己的消失行为归咎于对方或计划有问题，还会说自己当初是诚心接受计划的，以此为自己的行为开脱。为了不让对方失望，也为了自己不被当成不可靠的人，他们希望计划泡汤，或者对方放弃计划。他们竭力避免不愉快的交流，因此不接电话，也不回复电子邮件，即使联系上了，他们的态度也很冷漠，甚至会恼羞成怒。

面试时，“施展魅力者”侃侃而谈，说服力十足，有时就算不能胜任或准备不充分，也能得到那份工作。他们的准备方法不同寻常，是因为他们要逃避僵化的常规。然而，他们还略带幽默地宣称自己用的是创新的行事方式，是“不走寻常路”。

“施展魅力者”表现不一，有些是讨人喜欢，将个人魅力作为一种资本，用来解决沟通难题；有些则是故意利用个人魅力，操纵、诱使他人入局，让别人完成艰巨的任务，或者掩盖自己的过失。后者善于利用甜言蜜语、阴谋诡计和掩饰伎俩，明显带有欺骗的味道。人们喜欢和前者相处，而时间一久，公司内的人就会不信任后者。要想继续留在公司，善于操纵的“施展魅力者”就只能玩弄权谋。

**极端冒险者**（Extreme Risk-Takers）：这些人精力充沛、反复无常、任性冲动，他们习惯性地冒不必要的风险，因而限制了自己的成就。他们偶尔也会戏剧性地获得成就，却无法持久。因为他们行事不计后果，所以经常会失败，获得成功的机会有限。“极端冒险者”宁愿“流星”般地失败，也不愿耐心地努力以取得成功。前面提到的那位自学成才的电脑专家查理就是一个“极端冒险者”。有时候，这些自我设限的高潜能者冒不必要的风险，是为了逃避未做好准备的成功。在电影《锡杯》（*Tin Cup*）中，凯文·科斯特纳饰演的角色就是这种人：一个俱乐部的职业高尔夫球手，采用极端冒险的策略，最后浪费了获得美国公开赛冠军的机会。

**反抗者**（Rebels）：这种人会挑衅世界、反抗权威。他们总是怀疑别人要利用或控制自己，因此，他们会奋力抗争、拒绝服从。杰克·尼科尔森在电影《五支歌》（*Five Easy Pieces*）中扮演的角色就是一个“反抗者”：他出身于酷爱艺术的显贵家庭，小时候就是钢琴神童，但后来觉得自己达不到父亲的期望，便抛弃了原有的生活，到加州贝克尔斯菲市附近的一个油田做工。

► 迈克尔，31 岁。他还记得念高三的时候，学习成绩不符合学校橄榄球队的要求。他恨自己的 IQ 有 160，因为大家都觉得他的智商这么高，学习成绩应该非常优秀。他对父母的要求感到愤怒，不想让自己的学习成绩那么好，因为他不想让他们说出“我当初说什么来着”“太好了，终于醒悟啦”之类的话。他并不觉得自己的想法有错，他认为这是在为自由而战。

所有的低成就者都会在某种程度上做出反抗，他们拒绝服从别人，或者只付出最低限度的努力，而不是将别人的要求当作探索自身能力的动力。不过，在拒绝服从别人时，只有少数人会像“反抗者”那样充满敌意。

**怀才不遇者**（Misunderstood Geniuses）：这种人的生活理念是，他们拥有与众不同的才华，而他们之所以没有成功，就是因为别人的误解、嫉妒和无能。“怀才不遇者”利用各种借口做幌子，辩称自己的想法不够主流或太过前卫，别人无法理解，因而无法获得别人的支持。真正的天才往往都不被世人所认可和接受，但他们总会想办法继续奋斗并创造价值。

“怀才不遇者”喜怒无常，会气冲冲地离开比赛现场、法庭或球场，乱扔东西，常常情绪激动，以此来分散别人对自己的缺点或失败的注意力，暗示自己的失败都是某人某事造成的。其实，这也表明他们非常渴望成功，也非常努力。

**宁缺毋滥者**（Best-or-Nothings）：这种人通常都是才华横溢的人，对他们而言，成功要么是唾手可得，要么就无所作为。任何事情，只要有丝毫感觉自己无法做到最好，他们就毫无兴趣参与。他们的至高地位得来容易，只要受到威胁，他们就会放弃。从这点上讲，“宁缺毋滥者”是“绝不冒险者”。不过，他们都雄心勃勃，只要觉得自己能够获得最高成就，就不会放弃挑战。他们是不切实际的完美主义者、绝不退让者，认为自己应该将能力和努力用于真正值得的事情上，而不是把精力浪费于平凡琐事。他们不会自暴自弃，但会将自己的精力放在自己非常擅长的少数事情上，而将众多的爱好和有趣的事情抛诸身后。

上面这些行为模式，你觉得哪个很熟悉？你认识某个扼杀自己潜能的人吗？你自己的潜能呢？也被扼杀了吗？也许，从你的配偶或恋人身上，你能察觉到此前并不知道的某种迹象、某个想法或某种倾向。

## 获得高成就的正确方式

以什么方式发挥潜能才是健康的呢？只要不再玩乐，去掉迷人的个人特质，就行了吗？不是的。30 岁就获得了股票期权，同获得了学位或其他外在成就一样，并不意味着你就发挥了自己的潜能。德国作家赫尔曼·黑塞的小说《流浪者之歌》中的那个年轻人，经过漫长的自我寻找，最后做了一个助人过河的摆渡人，从而实现了自我价值。他的成就是一种内在的胜利。自发地追求简单生活也是一种合理的选择。追求出类拔萃是某人的梦想，但对你而言，可能就是通往没有成就感的、空虚的人生的门票。

成功是没有公式的——本书或其他任何书籍给出的“配方”，都无法实现你的目标、抱负，给你带来幸福和成就感。如果有人向你兜售那样的“配方”，请躲远点儿。发挥了潜能，也并不意味着你就过上了完美的生活。不过，来找我辅导的那些自我设限的高潜能者，一旦意识到并开始发挥自己的潜能，就会向着某些相同的方向前进。

- 他们提升了目标。他们为自己也为他人设定更高的标准，更加关注重要的事情，并为之付出更多的努力。他们不再一味顺从，不再得过且过，不再甘于平庸。

- 他们不再幻想生活目标会魔法般地实现，不再依靠别人收拾烂摊子，不再寻找借口。相反地，他们开始坚持完成目标。为了实现重要的抱负，他们愿意承担风险，从错误中学习经验，克服内心的恐惧。他们不再自我设限，不再限制自己的可能性，同时抛弃了那些具有自我毁灭性的极端冒险行为。

- 他们感到更自由、更轻松、更有激情、更纯真，奇怪的是，他们也更清醒、更认真、更投入了。为了能够成长和检验自己，他们勇于冒险，挑战自己的极限，原本充满恐惧的生活变成了被学习驱动的人生。

- 他们更有条理、更高效地处理应该做的事，以便腾出时间做自己真正感兴趣的事。他们意识到，金钱买不到时间，时间一去不复还，因此，他们更加认真地对待时间，让自己过上有意义的生活。

- 他们还明白：无论自己多有才华，选择了什么道路，人生难免会出现难题，他们无法一一解决，甚至大部分都无法解决。但是，他们不再习惯性地选择退缩，而是迎难而上，把它们当成学习的机会。

认清改变所需的基本前提，你就会开始进步。“你是做什么的？”这个酒会上常见的问题，如果诚实回答，就会提供最直接的信息。要给出诚实的回答，你需要聚焦自己的生活道路以及时间的使用方式。如果你愿意勇敢地审视自己的生活，那你一定会在这种自省中受益匪浅。

“你是做什么的？”这个问题通常询问的是你的工作和事业。对大多数人而言，大量的时间都在工作。在你的生活中，除了工作、吃饭、洗漱打扮、日常事务管理、旅游外，还有什么呢？

大多数人都需要个人生活，我们至少要将部分时间花在人际关系、财务管理、娱乐上，也许还有自我发展（了解自己，发挥潜能）。在这些方面，如果你渴望拥有更高的标准（与你的潜能匹配的标准），你就会离开平凡的预设位置，转而追求更有满足感的目标，你不会为了事业而牺牲个人生活，也不会为了个人生活而牺牲事业。不管做什么，你都得下决心这样生活，因为它是不会自然发生的。

你善于管理自己的生活，从而获得幸福和成就吗？你了解自己的才华吗？你内心有某种东西被长久抑制吗？你发现自己生活在一连串毫无意义的模式之中吗？

继续瞄准低目标，你的生活就不会太完整。就像是狼孩，有违本性地去适应人群生活，可一旦融入人群，出于恐惧或潜移默化而接受世俗标准，带着某种心理保护色，渐渐地就会失去原有的特质，搁置潜能，尽力地像平凡大众那样“号叫”，却忽视了灵魂深处被压抑的东西。

获得更多成就是有可能的。你已经坚持读到了这里，说明你也渴望获得更多的成就。

# 第2章

# 平庸者的摇篮

我不知道自己是怎么进去的，就在睡意蒙眬中，我偏离了正道。

——但丁《神曲》

一个才华横溢的年轻人，不是因为命运的打击，而是因为某种注定的退缩，最后成为平庸者。其中的必然，再也找不出第二个例子。

——罗伯特·穆齐尔《没有个性的人》

她进来时，整个房间为之一亮，家人簇拥着她，俨然大明星的气派。在活泼、舒适、友善的氛围中，家人开始聊天，但很快我就清楚了谁才是主导者。在这个欢快的家庭“脱口秀”节目中，15岁的艾米才是主持人。她风趣、自信、聪明伶俐。

家人畅所欲言，毫不掩饰地谈到了他们的担忧。他们说，他们来这里，是因为艾米的学习成绩很糟糕。他们提到，她很聪明（这一点不难发现）。虽然她曾发誓，进入高中后一定认真学习，但她第一学期的平均学分绩点（GPA）很低，只有1.3。艾米的父亲道格说，他不想跟她争吵，因为她太可爱了，谁也不想顶撞她。

道格说，她的朋友都很聪明，成绩都很好。恰在此时，艾米报出了所有朋友那学期的平均学分绩点，证实了父亲的话，但她又指出，并不是所有朋友的成绩都很好。房间里充满了更多的笑声。

我问艾米，和那些朋友比起来，她是否为自己的成绩感到丢脸。她泰然自若，立刻回答说：“不觉得。他们知道我很聪明，我只是没有尽力而已。”

道格转过身来，语气严肃地对我说：“真让人沮丧，她拥有成功的所有条件。为什么她就是不去做？”我向他点点头，建议他问艾米这个问题。可是，面对艾米的时候，他先前的严肃没了，只是玩笑式地抱怨，问她为什么要逼他扮演“坏蛋”角色。“你知道我要你做什么，你为什么不去做？”

道格不明白艾米需要的是什么，只是希望不必直接说明，她也能明白他的意图。道格毕业于斯坦福大学，在硅谷有自己的公司，聪明又能干，对付这种状况，应该是绰绰有余。他应对艾米的困境，正是那些无法面对高潜能孩子的人的典型例子。艾米的行为也表明，高潜能者如果自我设限，采取错误的做法，就会限制自己的成功。

自我设限的高潜能者为什么会有令人费解的自我挫败的行为？我们必须从漫长的童年依赖期中寻找问题的源头。孩子早期显露出天赋，父母和权威人士就会强烈关注，并给他们建立起基础标准和期望，这些标准和期望具有深远的影响，包括影响他们的世界观的形成和自我定位。过低的要求以及出发点好但错误的帮助方法，实际上会导致某些观点产生，并将其强化，为某种自我设限类型奠定了基础。需要说明的一点是，成年过渡期是第一个重大的关键性检验机会，看看自我设限的高潜能者是要迎接成人世界的挑战呢，还是继续做其童年自我设限模式的牺牲品。

道格和艾米在我办公室的交谈，给了我们很多线索，让我们去了解亲子关系中双方错误的做法。道格不愿意唱黑脸，只是问艾米为什么不好好学习，而不是坚决要求她学习。他不愿意冒险，唯恐争执会损害良好的父女关系，使彼此疏远。相反，他更喜欢避重就轻的处理办法。

但是，不想和艾米翻脸，他就屈服于她的反抗，削弱了自身的力量。身为父母，面对青春期的孩子，除了给予支持和关爱，还需要进行坚定的引导。艾米需要的是明确的指令，没有指令，她就会对道格提出的进步要求以及对她潜能的看法产生疑问。艾米私下对我说："他总是问我为什么不努力学习。他干吗不命令我好好学习？"没有明确的指令，尽管她明明知道必须完成功课，但她就是不做，好像功课可有可无。同时，通过这种典型的自我挫败行为，她忽视了对自己造成的伤害。艾米这样的自我设限的高潜能者，同其他孩子一样，也面临着全面发展问题。但是，他们拥有非凡的天赋，理应取得更快的进步。所以，我们必须回到童年时期，看看是哪里出了问题。

## 你的世界认知是如何建构的?

纸上的东西，看上去都很美好。身为一个人，你天生的行为限制要比其他物种少得多。天生的本能不会限制行为，复杂的大脑具有无限的学习潜能。但是，生命之初并不是没有缺陷。其他生物出生几个小时后就可以到处奔跑，而你出生后身体不是很协调，无法独立生活。能够独立生存之前，你的身体必须发育成熟，度过漫长的“学徒期”。在这个阶段你主要做两件事情：了解这个世界的运转方式和学习融入世界所需的各种技能。你了解世界的方法是：观察，生成印象，将印象形成可识别的模式，（具备语言能力后）接受直接的指导。而你学习技能的方法包括：试错、模仿、接受别人的直接指导和实践。

任何时候，你的观察能力都是有限的。虽然你的大脑拥有近乎无限的能力，但你的注意力却不然。身边发生的很多事情，你只能感受到其中的极小部分。[1] 你必须不断地聚焦、转移注意力，才能将这些事物联系起来，如果相同的情况再次出现，你就能知道会发生什么事情。聚焦、转移注意力这个过程，必然会让你失去某些东西。不断地聚焦、转移注意力、观察，你就会形成概念或模式——重复序列——找到事物运转的方式。[2]

新的、临时性的概念会首先吸引注意力，在获得更多信息后加以修正。[3] 如果你感知到的模式是不对的，你会进行调整，或者寻找事物间的新联系。通过反复观察而确立的结论，就成为逐渐形成的、日趋完善的理解的基础。但是，你无法知晓何时才算观察够了，因此，概念的形成往往是一种“信仰的飞跃”——先假定，然后相信，最后得出结论。每段新的人际关系的形成，每个新的情形的出现，往往都会经历这个过程。

起初，你只有基本的概念，比如，夜晚和白天，醒来和入睡，饥渴和饱足。更微妙的规律需要更长的时间才能辨识，而有些事情很容易让你有错误的解读。母亲何时来？何时不来？为什么？很难准确知晓。学会语言后，你开始从别人的话语中学习知识。你的监护人会同你分享他们对世界的理解和有限的观点。一开始，你尚无反驳这些观念的能力，但最终你会明白：他们告诉你的未必都是正确的，或者只适用于某些情况。

现在，我们来讨论核心问题：你的世界认知是如何建构的？其实，它是一种工作模式，不是对现实一一对应的呈现。你形成概念后，如果这些概念可行，它们就会退出意识层面，不管多么准确或不准确。退出意识层面后，它们会变成潜意识运行，而且越来越抗拒改变。最终，原本只是推测形成的概念变成了确定的事实，如白天和黑夜、入睡和醒来、母亲的声音——你觉得自己知道它们是事实。

每一块概念“拼图”都会引导你对下次的经历做出解释。因此，你最初的结论会引导你选择关注什么，极大地影响你下次关注什么、得出什么结论[4]。概念形成越早、越接近核心，基于其生成的概念数量就越多[5]。因此，尽管你对世界的认知是主观的、不准确的，但这种认知会越来越根深蒂固、难以改变。不过，一定要注意“难以”

这个词。难以改变，并不意味着不能改变。只要方法正确，并持之以恒，你是可以改变长久以来的信念的。

其中的困难，部分在于：随着时间的推移，你的观念、思想和技能（从进食到语言、从系鞋带到开车）会变成习惯，并像其他生物那样以近乎本能的方式起作用——自主地、无意识地运行[6]。不过，相较于本能，习惯具有一个显著的优势：借助意识，它可以被改变或替代。

## 你是谁

在了解世界、学习技能的时候，你绝不是被动的。你并不是一块毫无自主力的泥土，任由事情在上面留下印记，你会参与学习，主动引导自己学习，并极大地影响你的世界。例如，你肯定会影响你的父母，至少同他们对你的影响不相上下（对父母而言，要孩子是改变人生的事件；对新生的婴儿而言，父母从一开始就是既定的存在）。在学习的过程中，你会用自己独特的方式去探索和观察世界。

斯特拉·切斯（Stella Chess）和亚历山大·托马斯（Alexander Thomas）研究发现了9种气质维度（婴儿表现各不相同）[7]：敏感性、活动量、适应性、挫折耐受力、易安抚性/注意力分散度、节律性、情绪强度、情绪质量和趋避性。这些气质的独特组合，为你寻找独特的探索世界、与世界互动的方式提供了重要的起点。

另外，霍华德·加德纳（Howard Gardner）提出了智能的7种形式，其中包括测量IQ的标准智能、交往—交流智能、自知—自省智能、音乐—节奏智能和身体—动觉智能，这些智能也会影响个性化的学习方式[8]。气质特征和智能类型的组合不同，你在不同情境中的表达、意图、趋向或趋避的东西就会不同。

气质和智能具有遗传成分，但它们的影响是可以被修正的。例如，不管天生状况如何，你都可以增强挫折耐受力。不过，气质和智能不易改变，它们是基本的既定存在，是你稳定的出发点。

气质和智能不但会影响你的学习方式，还会影响人们对你的看法。一个孩子仅凭天赋，就可以让成人对他刮目相看，如果再加上亲和的态度，成人就会争相参与他的生活，监督他成长，甚至会因他而感到自豪。我们注意到，来接受辅导的那些自我设限的高潜能者，很多都是个性随和、品貌兼优、富有魅力的人。这些特征，我们在成人和孩子的身上都能够观察到。带孩子来接受辅导的父母，往往将他们有天赋但学习不好的子女描述为“随和”“讨人喜欢”，觉得“除了学习这件事儿，我们没有其他可抱怨的”。我们开始思考，他们的随和态度和招人喜欢是否就是部分问题所在。

心理学家、气质研究专家、“昂斯预防项目”（The Preventive Ounce）创建人詹姆斯·卡梅隆（James Cameron）发现，随和的性格通常是由 3 种气质特征组合而成的：高适应性、低情绪强度、显著积极的情绪质量[9]。具有高适应性的孩子，不会抗拒常规性的改变，因而破坏性较低。情绪强度低的孩子，对挫折的反应相对温和，情绪烦乱的次数较少、时间较短。具有显著积极的情绪质量的孩子，较少挑剔、抱怨。具有这 3 种气质特征，孩子就容易适应改变，不会有强烈的情绪爆发，一般也不会挑剔、抱怨。父母很容易安抚这样的孩子，只需在他情绪烦乱的时候分散他的注意力，引导他去做平和的替代性活动就行。

孩子具有这种气质特征组合，父母也会心态平和，觉得自己的角色很有成效。如果这个孩子还具有交往智能和自省智能，就会表现出人际关系的敏感性、领悟力以及对感受、动机的敏锐意识。因此，这个孩子非常擅长人际交往，而父母也会因为有幸拥有这样的孩子而沾沾自喜。这种所向无敌的个性特质组合，似乎让孩子和父母都获益无穷，但是，这个组合也会产生诸多问题。

我是这样理解的：性格随和、擅长社交的人，最容易得到宠爱、免责和特别关照。人们会放他一马、施以援手，乐意为他排忧解难。正如一个自我设限的高潜能者所言："我知道，只要我态度随和、待人和善，人们就会放我一马。"来接受辅导的那些自我设限的高潜能者，只需嫣然一笑，就能获得各种便利，包括论文延期、通过驾照考试等。

客观事实与沾沾自喜很少随行。因自己所爱的人沾沾自喜，你就很难对他做出清醒的判断。以孩子为荣而沾沾自喜的父母，往往无法客观地了解孩子的需求。相反地，他们会继续陶醉其中，认为这个童话故事就该有完美的结局。

和道格一样，性格随和、适应力强的自我设限的高潜能孩子的父母，通常都希望同他们非凡的孩子保持融洽的关系，全家都围着孩子的事情转。不管孩子多么优秀，一旦错误地成为主导者，哪怕是暂时性的主导者，就会本末倒置，肯定会出现问题。孩子容易对自身重要性得出毫无根据的结论，这会带来破坏性的影响。如果你是这样的孩子，被过度溺爱，过度以自我为中心，过度主导本该给你指导的那些人，那么要消除这些带来的不良影响，就需要付出巨大的努力。

高潜能者有各种类型，气质也各不相同。但是，不管是哪种气质和才华组合，有天赋的孩子——包括那些不太合群的孩子、被同伴讥笑的孩子——通常都是父母的自豪感的来源。他们早期显现出来的天赋——还没上学就会识字和写作、懂乐器以及展现出超前的艺术或身体能力——会影响人们对他们的看法。

如果你同前来接受辅导的那些自我设限的高潜能者一样，你就会有超高的智力（我们研究了一组 14 岁的高潜能者，结果表明，他们的 IQ 平均值超过了 150，而常人的 IQ 平均值只有 100），而且多才多艺。这些才华预示着你的未来会有无限的可能。你的父母为你的好运欢欣鼓舞，而你自己也习惯于得来容易的成功。

这些得来容易的成功经历，再加上父母的自豪感和特别关注，帮助你逐渐形成了你对这个世界的认知以及自我定位。

## 你认为你是谁

在建构世界认知的过程中，有一个核心概念，它是其他众多概念的基础，也是你自主形成的概念。这个概念就是：你认为你是谁。自我概念的建立方式，和其他现实概念相同。你从自己的气质和才华背景开始，然后观察、聆听，尝试建立概念。出生之后，你随时都在被人审视、讨论和描述，尤其是你的气质和才华。你觉察到父母和其他监护人对你比较感兴趣，并从中判定出自己的重要性。大约 9 岁时，你才能对世界、自我形象和自我评价有稳定的认知，这些描述和早期经历已经让你产生了早期的自我观念。[10]

这些描述存在着一个关键的事实：它绝不是中立的，即使你想保持中立。它往往带着评价的意味。没有谁只是有红头发、四肢发达或才华横溢。描述往往都暗含着某种正面或负面的评价，否则，它们就不会被专门提及。例如，查尔斯·舒尔茨（Charles Schulz）创作的连环漫画《花生》（*Peanuts*）中有一个小女孩，她说，人们对她寄予更多的期望，因为她拥有一头天然的鬈发。

重要的是，让我们做出最强烈反应的，不是话语的字面意思，而是其中隐含的意义。事实上，隐含交流的力量，在间接的催眠暗示中起着核心作用[11]。描述也有着类似的隐含性，它告诉你的，不只是人们对你的看法，还有他们对你的预期。人们说你“随和”“讨人喜欢”或“懒惰”，你就会理解为：他们预期你会更加随和、更讨人喜欢或更加懒惰。例如，被赋予“懒惰”这种判断，你就会：（1）认为自己今后的行为都是懒惰行为；（2）认为自己是一个懒惰的人；（3）行为懒惰，以满足更加懒惰的预期或要求。被描述为“懒惰”，你的观念世界就注入了懒惰的概念，因此，你会对这个概念比较敏感，开始行事懒惰。无论你是否希望自己满足“更加懒惰”的要求，你都很难忽略这个信息。如果人们说你很聪明、有才华、有运动天赋、漂亮，同样的心理过程也会启动，预期和要求就会随之而来。

然而，一旦你认为自己是懒人，懒惰还有其他的作用：现在你有不割草坪的合理借口了。这个概念还会鼓励你为懒惰寻找或创造可靠的证据。“你懒惰”解释了所有的懒惰行为，新的懒惰行为又证明了“你懒惰”。所有的描述都具有这种循环的、自我强化的运行方式。很快，你就会把懒惰视为持久性的、似乎无法改变的个人属性或天生特质——如同有蓝眼睛一样。

你每天产生的众多想法，大部分都是自我描述性的[12]。你不断地说“我是个好厨师”“我很聪明”“我讨厌条理化”“我讨厌文字工作”“我是低成就者”“我很腼腆”等，并做出相应的行为，如此一来，原本是不稳定的存在，被你赋予了连续性，你原有的看法也得到了强化。

传统观点认为：孩子感觉自己是重要的、特别的，就为他积极向上和非凡表现提供了基础。但是，对自我设限的高潜能者而言，这种观点会产生偏差。那么，是如何产生的呢？

被认为与众不同，你也认为自己与众不同，再加上轻易就能成功，这会成为你的内在标准，并且你能从中得出诸多结论。你很容易相信：生活永远都会如此，你永远都可以不费吹灰之力就把事情做好；你是幸运儿，蒙受上天垂爱；你会永远过着充满荣耀的生活。

但是，生活不会如此简单，“天赋异禀”“聪明绝顶”这样的描述，最终可能带来复杂的、出乎意料的后果，尤其是在上学期间。踏进学校大门之前，你对世界和自我的认知是粗浅的、不完整的、不稳定的。你此前学到的东西（除了从电视上学到的），大都源于你在家里的经历。小学横跨整个童年依赖期，在这漫长的过程中，你对世界的认知必然会发生改变，而学校本身就是获得许多关键经历的场所，正是在学校的这些经历，成了你产生偏差的部分原因。

## 离家，征服世界的第一步

卡尔·瑞普肯完成了他的第 2131 场比赛，打破了保持已久的连续比赛纪录，这项伟大成就跨越了14年。当天，有人问他家人的反应，他回答说，打破纪录那天是他女儿第一天上学，对全家人来说，再也没有比这更为重大的事情，包括破纪录。先不论瑞普肯先生可能是谦虚，那么是什么让孩子第一天上学变得如此重要呢？

学校有正规的要求，制定各种标准，实施评价。上学后，孩子第一次离开家人的保护圈，步入这个世界，看看自己是否符合标准。上学意味着孩子迈出了离家的第一步，也是父母“放手”的第一步。学校的意义不只是简单地学习技能，你在学校的表现还是你将来如何适应这个世界的早期证据，其原因在于，在学校，你对要求、标准和评价做出反应，然后形成态度，这个态度会影响你成年之后的大部分生活。

习惯于自身成功的父母，会期望他们富有天赋的孩子也获得成功，并含蓄地表达了这种信心。在他们看来，似乎只需为孩子铺好路，或者放手不管，孩子就会自己发挥潜能，奇迹就会自然发生。经过这种强化，孩子离家去征服世界，就没有任何理由不对自己抱最好的期望。

在学校里，高潜能孩子的才华、气质、身体技能甚至是迷人的外表，就同他们早期在家里那样，具有同样的神奇作用。老师热切希望富有天赋的孩子在自己的班里就读，教练希望他们加入自己的球队，大人们都争相吸引他们的注意力。毕竟，“富有天赋”就意味着成功唾手可得，学习也不例外。在学校，高潜能者几乎不会遇到挑战，完全可以轻松应对。对聪明的孩子而言，阅读就如呼吸，数学就如游戏。对那些富有非凡才华和天赋的孩子来说，在学校的这段日子简直就如同身处天堂。

▶ 索菲娅很快就明白，她比别人聪明。念完四年级后，她得出了3个基本结论。第一，她以前学东西很容易——马术、大提琴、意大利口语——因此就认定，学习也是这样，应该永远很容易；第二，她知道自己拥有与众不同的能力，于是就觉得她的人生也会与众不同，甚至是神奇般的人生；第三，她获得特别的对待，包括因为参加某些活动而可以不上学、不完成作业，于是开始期望被特别对待，觉得特别的人就应该适用特殊规则、拥有特别豁免权。

索菲娅的这些结论，是自我设限的高潜能者在小学阶段的典型想法。无须努力成为他们的内在标准，接着他们就选择不努力，或是不想努力。

学校教授的不只是基础知识，还有“生活入门课”，而且这个课堂是开放的。正规教育具有直接的、预期的效果，也有间接的、意外的效果。学校有正规的上课时间，但孩子们学到的东西，大都来自课堂上的意外收获以及课堂之外的收获。这种学习源于学校提供的正式和非正式的教育结构。高潜能者对学校和生活得出的结论，来自学校的任务和要求、规章制度、表述与实践间的差异，也来自他们与学校中的人员的互动，包括老师、门警、考勤秘书和其他孩子。

上学后，孩子会接触到各种现实面，包括不公平、惯例、统一性、代人受过和冷酷无情。孩子还会学到欺骗、走捷径、耍手段引人注意、游说老师让自己迟交作业或延长期限等。

学校让孩子体验乏味与挫折，间接地让他们得到宝贵而必要的教训，让他们学会忍耐和坚持。最理想的情况是，学校为孩子们提供学会合作、宽容、克制、想象、创造力、表达想法、展现理想的机会。但很可惜，在这些方面，学校往往未能充分激发他们的学习潜能。

最糟糕的是，学校的其他通行做法，会扼杀高潜能孩子的自主性、创造性和积极性，让他们得到非预期的教训。

- **所有人的进度都相同。**非预期的教训：做个普通人，坚守中庸标准，约束自己的才智和好奇心，放慢脚步。结果：高潜能孩子缺乏挑战精神，无法充分发挥才智，浪费大量的、毫无成效的时间等待别人赶上进度，同时，他们还会感到疏离和无趣。

- **惩罚超前学习。**非预期的教训：每个人都应该一样，不要好奇，跟着教学计划走，数学作业没布置就不要做，不要提前阅读。结果：好奇心和积极性被抑制，上学变得愚蠢、没有价值、无趣，高潜能孩子不再看重上学，不再认为上学是重大的事情。

- **完成作业，就奖励玩耍时间。**非预期的教训：学习是不愉快的事情，尽量逃避学习，赶快完成作业，才能去玩耍。结果：在这个重要的时间段，聪明的孩子反而不够投入，因为没有新的、有趣的、挑战性的作业可以让他们全力以赴。

- **布置的家庭作业，只不过是重复学校的功课。**非预期的教训：学习不是探索的过程，老师没有想象力，在学校里学不到什么东西。结果：不完成作业，习惯性逃学，蔑视家庭作业，蔑视学校。

- **家庭作业量非常大，但不够精简，没有真正的挑战性。**非预期的教训：除了前面提及的那些教训外，还有这些：老师残酷无情，是虐待狂；学习，至少在学校的学习是一种惩罚。结果：愤怒，不做作业或只完成部分作业，习惯性逃学，讨厌作业，讨厌学校。

- **把分数等作为激励学习的手段。**非预期的教训：学习不是为了学习本身，要被人"贿赂"或有人强迫才学习。除了分数，没有其他评价学生或激励学生进步的手段。结果：学生愤世嫉俗。

高潜能者对学校有着复杂的感受：感激、失望、后悔、蔑视。他们感激某一两位优秀的、给人启迪的老师，对死板、不能激发智力的课程感到失望，后悔浪费了时间，蔑视这个以考试、标准答案和排名为导向的愚蠢体制。高潜能者往往会说，学校没有鼓励他们志存高远，教给他们的都是应试方法，他们没有体会到学习的内在乐趣。[13]

这可不是孩子刚开始上学时的态度。我的二女儿迫不及待地想念完学前班，开始正式上学，像她姐姐那样做些重要的功课。幼儿园和小学一年级的大部分时间都让她感到失望，因为没有正式的作业。二年级时，老师要求她写个故事，她非常兴奋。终于，她有事可做了——做真正的作业！写故事的那几天，她在房间里蹦来蹦去，哼着歌，不时地跑过来给我讲她的故事。在截止日期前的那天晚上，她过来对我说，她有一个问题，一个我希望她永远都会有的问题。

“老爸，”她说，“我不想结束这个故事，我很喜欢它。”

我还记得，几年后，有一次经过她的房间，偶然听见她在电话里很不耐烦地对朋友讲：“英语论文规定要写 4 页，不过 3 页可能也就够了。”真是让我大跌眼镜！

同样，自我设限的高潜能者开始上学时，大都充满热情，但学校缓慢的学习节奏或其他因素让他们感到失望，觉得自己的智商被“侮辱”了，于是慢慢地变得灰心丧气。等到念中学、进入青春期后，他们开始批判学校教育，尤其是社会学和政府学课程，认为自己被灌输了宣传传统价值观的“鸡汤”，学校政策、课堂讨论、观点表达都受到了限制，不够自由。

在某个时刻，自我设限的高潜能者就会放弃本应快乐的学业追求，开始得过且过，变得疏离，投入更少，收获也更少[14]。更为严重的是，前面提到的愤世嫉俗、习惯性抗拒、放弃努力等问题固习成性，今后凡是碰到任务、要求和标准都会采取同样的做法。

## “聪明”“天赋”等标签都是定时炸弹

人们一生都在想办法抗拒要求。莫名地反抗，错误地强行独立，这在两岁时就开始显现。进入青春期后，这个心理过程会再度出现，并可能最终导致离家出走。学习的低成就问题——尤其是男生——早在小学二年级时就会出现，但是，进入青春期后，同龄人的影响会更大，因为这关系着他这个人在这个群体中的自我定位。因此，和同龄人建立起信任关系就显得非常重要。被同龄人接纳的一个

“绝佳”捷径，就是蔑视或抗拒大人的要求，而学校就是可行的实践场所。所以说，高潜能者学习成绩下滑通常都是在青春期，这就不奇怪了。

你可能还记得，你曾经也不太配合老师完成作业，也曾规避学校的要求。一个明显的事实是：高潜能者规避要求，特别是第一次的时候，监管者对他们的看法，要比对那些不太聪明的学生乐观得多，往往认为那只是暂时的、可理解的。这种想法是一厢情愿，也缺乏客观性，它会让父母和老师忽视孩子的不当言行，对孩子过于殷勤，或者干脆施以援手，而不是坚定地把他们推回到正轨。在这个过程中，负责监管的大人们是在暗示孩子：要求并不总是适用的。

▶ 布莱克，42 岁，自行车快递员、喜剧演员、喜剧写手。他还记得，小学三年级时，他忘了完成一张数学单子的家庭作业，他的老师只是眨眨眼，对他说：“你都会了，所以不用担心。”上了四年级，他便开始在课堂阅读作业的答卷上随机填写答案，因为老师不会检查。他可以随便在方框里填些符号，不用阅读那些无聊的文章。

这两位老师并非有意让布莱克养成敷衍、散漫的习惯（这个习惯后来被带入他的成人生活中），但他们其实都是在鼓励他那样做。如果负责监督有天赋的孩子发挥最大潜能的成人为孩子提供豁免权，他们就成了包庇孩子“罪行”的同谋和共犯，孩子很快就不再诚实地付出努力。在我所熟悉的所有潜能被扼杀的案例中，本应坚持让自我设限的高潜能者完成要求的负责人都不够坚定，即使他们希望那样做。放孩子一马，他们就树立了言行不一的“榜样”，认可了孩子的做法。

提供错误的帮助也是一个问题。有时候，它就是从施以援手开始的，简单却影响深远。

▶ 肯德拉，29岁，计算机行业临时工。刚上小学那几年，她一直是班上的第一名。四年级的时候，有一天，她的爷爷、奶奶来到她家，刚好她有一项重要的作业没做完，快到截止日期了。她一反常态，没了时间观念，等到最后那天晚上才开始制作加州教堂的模型。这种情况以前从未有过，而且这项作业占社会学课程分数的很大比例。于是，全家人（包括爷爷、奶奶）都陪她熬夜，又是爆米花，又是热巧克力，还一起制作教堂模型，把她的作业变成了温馨难忘的家庭任务。肯德拉收到了双重信息：她有家人支持；家人希望她成绩好。

第二年秋天，肯德拉又把一项作业拖到了最后那天晚上，但这次没有“访客”，也没有真正的理由。她的父母告诫她做事要有计划，然后，家人和她又开始了最后关头的“救援”任务。肯德拉在学校的成绩依旧很好，不过，她感觉到：父母比她自己更希望她成绩好，只要可以让她取得好成绩，他们愿意做任何事情。尽管父母警告她，再也不会帮她解围，但一旦作业关系到课程成绩，他们又会插手帮忙。

家人第一次介入帮忙后，肯德拉对世界运行方式有了新的认识：接受帮忙是一种选择。接下来的每次家人帮忙，都强化了她规避作业的心态，因为知道有人会帮忙，就舒缓了当时的焦虑感。但是，这也剥夺了她学习长期计划管理能力的机会。

接下来的两年内，肯德拉又规避了三四项作业，错失了“排练”新技能的关键机会，还让她产生了新的自我认知：她不善于按时完成作业，她需要别人帮忙[15]。肯德拉加入“极限潜能计划”后，马上就意识到，她在工作中也复制了这个模式：开始时愿望很好，最后关头畏缩不前。

现在，我们来看看问题的关键。期望和要求由于规避而减弱，此时，“天赋异禀”这种描述就会产生复杂而意想不到的后果。这样的描述，只有在明确提出出类拔萃要求并给予具体支持和鼓励的情况下才会产生积极的作用，让他们取得与能力相匹配的成就[16]。真正的成就，是“天赋异禀”这个标签的具体参照物，证明他们的天赋经过了“实地测试”和实时检验。成就不断累积，就会产生良性循环和自我强化，让他们建立真正的信心，愿意迎接新的挑战。[17]

没有明确的要求和支持，被贴上“聪明”“天赋”这样的标签，就如同被赐予贵族血统一样——只是遗传，而与自己的作为毫无关系。“聪明”“天赋”等标签都隐含着要求，如果没有恰当的明确要求，这些标签就会待在那里，成为定时炸弹。

一方面，这些标签告诉你，只要聪明或有才华就够了；另一方面，人们赞扬你才华横溢的时间越久，你就越担心需要展现才华的时候会到来。到时候，如果我辜负了人们的期望，怎么办？到时候，如果没有那么容易，怎么办？如果别人和我一样出色，甚至比我更出色，怎么办？如果我根本就没有那些才华，怎么办？被人知道有才华却毫无作为，这是一把双刃剑：这个标签会不断地施加期望压力，其结果就是：渴望逃避。[18]

此外，随和的性格和出色的社交技能也会带来意想不到的弊端[19]。社交技能和个人魅力可以让你轻松获得特权，而适应力强、情绪强度低、心态积极——塑造宝贵的随和性格的气质“原材料”——也会带来不利影响，容易让你碰到困难就转换跑道，而不是锁定目标坚持到底。因此，这些特质会“通力合作”，为浮躁、不求甚解、油腔滑调、肤浅、缺乏毅力等提供气质背景。

真正的成就需要毅力，反过来，毅力又需要忍耐挫折。碰到烦扰和挫折就习惯性逃避，忍耐力就无从培养。孩子情绪强度高，会给父母带来不利，有时也让别人讨厌，但是，它可以激励孩子面对挫折继续前进——它是毅力的燃料，也是决心、耐力和坚忍的成分。以轻松愉快的方式放弃努力，并不好于其他方式。

学会在处境艰难时仍然坚持到底的人，就知道重复、操练和枯燥的价值。他们的成功，源于坚持不懈、持之以恒的努力，他们最终将超越那些仅凭才华而获得成功的人。如果你以前忽略了对这些技能的学习，那么现在学也不太迟，你只需知道自己要面对什么。个性具有强大的初始影响，为我们提供自我发展的起点，不过，这种影响并不是不可改变的，只要付出些许努力，并持之以恒，就能加以调整。

像肯德拉这样的孩子，刚开始有些放任自流，使承诺、技能和学业表现受到影响，此时，大人们就会担忧所谓的“低成就”问题，并首次给他们贴上“低成就者”的标签。和其他标签一样，这个标签很快就会引导他们做出更多的同类行为，同时又为这些行为找到了合理的借口。

有了这个标签，就意味着孩子会从塔尖上掉下来吗？通常是不会的，至少马上不会。这个标签其实是为了让孩子放心，它说明孩子拥有才华，只是尚未发挥，因此，孩子应该感到欣慰。然而，很不幸，大人们会因为它而感到焦虑，并采取一系列的行动，反而强化了自我设限的高潜能者的抗拒。

通常，救援队会第一个到达现场。对有关的大人们而言，这个标签就是战争号令，听到这个号令，他们就会发动某种“圣战”，寻找原因和解决办法，同时又发起进一步的救援活动。对你而言，拥有天赋往往意味着你很乐意保留这些优惠待遇和特权。这就是你，是人们所了解的你。如果你不聪明、没有天赋，你会是谁呢？你不会放弃形象，相反，你随时都会保护自己的“天才”地位，而不是致力于提升自己的能力[20]。一旦偏离了提升能力的道路，就远离了成就，你的人生就会失去某种光彩。

## “没有尽力”，只是你维护形象的借口

为了维护自身形象，自我设限的高潜能者最终会采用歪曲的逻辑。这个逻辑的起点通常很简单。我问艾米，和朋友比较，她是否为自己的学习成绩感到丢脸，还记得她是怎么回答的吗？她说：“不觉得。他们知道我很聪明，我只是没有尽力而已。”

艾米告诉别人的故事，就是她希望自己相信的故事。她宁愿相信自己有能力，只是没动力。没有尽力，这是常见的现象。过去，甚至她没有努力，成绩也很好。但是，有了这个借口，艾米就说得通了。社会心理学家发现，在心智能力测试中，“没尽力”被普遍用作成绩差的有效解释。

“没尽力”有着诱人的内在合理化，其逻辑是：如果我失败但没有尽力，那就不算数；没尽力，我就不会觉得失败了很可惜；没尽力，我还可以说“要是我尽力了，我也能成功”；如果我尽力了但没有成功，我就没了这个借口；因此，最好不要尽力。退一万步讲，即使被贴上了其他标签——逃兵、懒虫、晚熟、靠不住——你也绝对不会失去高潜能者“俱乐部”的会员资格。

“没有尽力”是人们维护自身能力形象的标准而常见的做法。实验对象被告知，在某项能力测试中，他们的表现很糟糕，而且会把测试结果告诉其他实验对象，结果发现：从测试的那一刻起，他们就有意地放弃了努力。放弃努力，他们以后就可以解释自己的糟糕成绩——因为“我没有尽力”。

罗伊·鲍迈斯特（Roy Baumeister）是“自我设障”（Self-Handicapping）策略的顶级研究专家，他讲过这样一个有趣的故事：一位参加巡回比赛的象棋大师对挑战者来者不拒，前提是他必须让对手两颗卒子。为什么？如果他赢了，就证明他棋艺高超；反过来，如果他输了，失败的理由早就设置好了——因为他让了对手两颗卒子。自我设障的人往往会提前设置好某个借口，以便为今后可能出现的失败进行开脱。[21]

自我设障策略，与一个经典实验中实验对象所采用的策略有着惊人的相似之处。在这个实验中，孩子们可以采用任何策略去赢得比赛[22]。有些孩子把比赛当成技能挑战；有些孩子则关注自身形象的维护，选择了保护自己免受负面影响的比赛策略。

在这个实验中，斯丹利·库伯史密斯（Stanley Coopersmith）每次邀请一位孩子进入一个大房间，房间的一头挂着幕布，上面画有小丑的脸，还有一个洞作为小丑的嘴巴。他递给每个孩子 6 个豆袋，然后给出简单的指令：“把豆袋投进小丑的嘴巴里，越多越好。”

孩子们自发地采用了 3 种策略：有些孩子直接站到小丑面前，轻松地将豆袋丢进小丑的嘴里；有些孩子站在房间中央，可能会将豆袋投进小丑嘴里，但需要投掷技巧；有些孩子则走到房间另一头，尽量远离小丑，然后投掷豆袋。结果呢，直接站到小丑面前的孩子，100% 投掷成功；站在房间中央的孩子，成绩一般；站在房间另一头的孩子，投出去的豆袋几乎都没碰到小丑的脸，更不用说进小丑的嘴里了。

从表面上看，远离小丑的两组孩子（不管是站在房间中央还是房间另一头）的做法似乎非常相似。但事实上，非常相似的是采取极端策略的两组孩子。他们的策略看似不同，但都在逃避可能失败的技能挑战。

站在小丑面前的孩子，他们离小丑嘴巴非常近，不可能投不中。谁也不会质疑他们成功投进小丑嘴巴的豆袋数量。但是，他们把风险降得太低，因此，他们的成功很难被视为了不起的成就。另一方面，谁能肯定地说，他们在房间的其他位置就不能将 6 个豆袋全部投进去？所以说，他们回避了关键的挑战。

站在房间另一头的孩子，用大胆策略来伪装自己，掩盖了自我保护的想法。站在那个地方，他们没有投进去就有了合理的解释：是因为他们站得太远，并不是因为他们缺乏投掷技能。他们是典型的自我设障者。他们觉得，别人站在更近的地方投掷豆袋，那就随他们去吧。距离更近，谁都可以投进几个豆袋。他们通过鄙视其他人不敢接受挑战，而让自己显得与众不同。这样的“壮举”还暗示着他们技能更高或更有勇气，或者兼而有之。如果投进一个豆袋，他们就会成为传奇英雄。

站在房间中央的那组孩子，他们的做法则不同。他们权衡了风险与成功，站在稍远的、有足够难度的地方，但又没有远到无法成功或侥幸成功。他们参加比赛，既挑战了自己的技能，又关注了成功的回报。虽然他们选择的那个位置会减少投掷成功的豆袋数量，但每次成功都有意义。

你可能观察到了这两种自我保护策略同我在第 1 章中描述的自我设限模式之间的关系。“靠近小丑”策略类似于“绝不冒险者”，在某种程度上也类似于“沉睡者”“随波逐流者”“功亏一篑者”“自我怀疑者”“宁缺毋滥者”。“远离小丑”策略就是“极端冒险者”，某种程度上也是“怀才不遇者”。而“居中”策略类似于“施展魅力者”，根据具体情况进行匹配。

库伯史密斯发现，采用极端策略的两组孩子，自尊心都较弱。如果失败，就会证实他们的自我评价，会让他们感觉更糟糕。两组孩子都喜欢逃避关于能力的直接挑战，这与渴望挑战的另一组孩子形成了鲜明对比。这两种避免失败的策略是“双胞胎”，都是典型的、代价高昂的自我保护策略，使他们几乎不可能体验到成就带来的满足感。从这个意义上讲，“绝不冒险者”和“极端冒险者”的策略在作用上是相同的。

自我设障关键的内在目的，是保持完美形象。仔细想想自己的过往，你可能会发现，这三种投掷豆袋的策略你全都用过。实际上，自我设限的高潜能者大部分时间都是靠近投掷豆袋（完全避免风险），或者从远处投掷豆袋（自我设障、极端冒险），或者根据距离远近选择居中的策略。

当然，维护形象还有许多其他的方式，比如，为自己的糟糕表现寻找各种借口[23]。但是，所有维护形象的方式都是为了继续享有某种特殊的地位。在篮球、体操、音乐或舞蹈等领域，都是如此。长此以往，寻找借口就成为下意识的新习惯，不管这些借口是否被人全盘接受。如果你总是寻找借口进行辩解，你就踏上了“跑步机”，你不会用才智来努力提高能力，而是拼凑那些借口、理由、花招、策略、托词并进行辩解——“我想保留实力”“这不是我的想法”“我想要，只是没有去做”“教练不喜欢我”“评分不公平”“大家都做得不好”“交通太拥堵”，等等。

不过，请注意：寻找借口是直接的自我挫败、自我设限行为。如果你抱怨老师把作业布置得不清楚，要求不合理，被人误解，受到老师、导师、主管、项目协调人、前任恋人、前任配偶等的不公平对待，那么，你不但是在推卸责任、怪罪他人，还放弃了对生活的控制。怪罪他人，你就失去了控制权，限制了自己的能力。例如，在艺术领域，如果你认为自己的作品被误解，或者它没有得到应有的关注，这很快就会成为你不再创作新作品的理由。[24]

除了怪罪他人，自我设限的高潜能者还会通过其他方式为自己的糟糕表现寻找合理的理由：诋毁某个机构或事情本身，贬低自己正在做的工作，或者赋予别的事情更高的价值。其目的在于，表明问题不可能出在自己身上，或是自己不够努力。经过这一系列的合理化解释，自我设限的高潜能者最终就会说：“我不在乎”“那不重要”。有一个自我设限的高潜能学生，他将自己的糟糕成绩视为“荣誉勋章”，声称要做班上的“传奇学渣”——学分绩点垫底却顺利毕业的学生。他的这种讽刺的、有些“精英化”的倾向，让人想到保罗·鲁本斯在电影《荒唐小浑蛋奇遇记》(*Pee-Wee's Big Adventure*)中饰演的小浑蛋赫尔曼：从自行车上摔倒后，他爬起来，大声宣布：“我是故意摔倒的。”

为了预先制止人们批评自己，他们不只诋毁某件事情，还会诋毁那些表现好的人、那些努力表现好的人、那些什么事都做得好的人。久而久之，这些合理化借口就会变得更加错综复杂、扭曲变形。

▶ 塔娜，34岁。她还记得，上高中二年级时，她告诉她的母亲，她宁愿全都得C，也不愿努力得A，以防她的朋友们觉得她为了得A而拼命努力。

塔娜的父母认同她想被同龄人接纳的愿望，相信她还是有得A的能力的。但是，塔娜还认为自己的决定更有眼光、更为高尚，或许也更“政治正确”：她既不会卑躬屈膝，也不会像“俗人”那样去寻求外在的证明，她想让朋友们知道自己的独特价值。同时，她还可以维持某种叛逆不羁、独树一帜的形象。所以，别人在努力学习，她却在玩耍。

其实，塔娜想证明自己的能力，只是没有表现出来。然而，同肯德拉和大多数自我设限的高潜能者一样，塔娜越逃避学习，就越怀疑自己的能力。因此，付出努力会有两大可能：如果她像朋友们那样，花几周时间写课程论文，最后却没有得A，她会觉得自己白费力气；同时，这个成绩也会让她的能力受到质疑。

塔娜很快就发现自己陷入了困境。由于她放弃了努力，总是说“如果我想做，我也能做到，我只是不想做而已”，所以她就停滞在那里，没有任何进步。

上高中后，她发现很难维持自己的形象。所有的借口变得太复杂，再也站不住脚了。最后，她得出结论：她天生就不是成就大事的那块料。这是合理化的最后一环。她努力想考上大学，后来却将就着做了百货公司售货员。

▶ 德妮丝，37 岁，才华横溢的键盘手和吉他手，而且是靠自学成才的。“我相当独立，也许因此威胁到了他们。”她谈论起以前的一些音乐老师时这样说道——她的父母曾经希望他们帮助她提升音乐才能。她说，这些老师一个个地感到气馁，不再教她了。她承认，她对无聊透顶的音乐理论和正规作曲方式毫无兴趣，她完全可以直接用键盘作曲。

德妮丝过人的音乐天赋，很容易让她忽视音乐理论和反复练习，而且不会马上产生任何负面的后果。但是，她没有弥补演奏技巧上的缺陷，也没有获得真正的进步。自我设限的高潜能者往往觉得自己比老师更聪明、更有才华，并以此为理由，把老师的建议不当一回事儿。

**而有些人，寻找借口时会有些迟疑。**

▶ 布拉德，34 岁。他学习认真自觉，成绩一向很好。他第一次找借口时，觉得背叛了自己的内心标准。然而，从此以后，他不停地寻找借口，渐渐地就习以为常了。

初中毕业时，他的成绩门门都是 A，这并不是因为他想得 A，而是因为他很聪明，学习又认真，一直表现不错。他不是埋头苦读的学生，他也有社交生活，有朋友，受人尊敬和钦佩。

进入高中后，他的哥哥建议他继续保持优秀，争取成为学生代表，在毕业典礼上致告别词。对布拉德来说，学习从来就不是他的外在目标，他也不喜欢这个新的压力。相反，他的内在标准督促着他努力，他也喜欢学习。一学期后，布拉德第一次得了B，因而消除了哥哥所给的压力。但他心里清楚，其实自己可以做得更好，所以有种自我背叛的感觉。

高二的时候，布拉德的祖父去世，父母离异。他隐藏起内心的悲伤、迷茫和愤怒；但为了得到关注和支持，他放弃了学习，得了两个B和一个C。他的高中老师和大学顾问宽慰他，告诉他不必担心成绩问题，他们会写信给大学招生委员会，说明他是因为情绪不好才在学习上分心的。有了这个“认可”的借口，布拉德有意减少了努力，好像大家都期望他这样。高三期间，他得到了更多的B。

大学第二学期，布拉德得了肝炎，期末考试前又和女朋友分手。这次，不需要任何人帮他寻找借口了。他轻描淡写地说，由于生病，加上抑郁，成绩不好是“可以理解的”。这些借口，他张嘴就来。他没有申请重修，因为这样他寒假就得学习，假期也就泡汤了。

布拉德继续安于这种不必努力的模式，有人问起他的学习情况，他会说自己得的都是“A和B”，其目的是避免直接告诉他们自己不太光彩的学分绩点。布拉德的大学入学考试（SAT）成绩排名前1%，但他逐渐远离了认真标准，因此，相对于他的能力，他的大学成绩只能算是非常一般。最后一学期，他的父亲问他学习怎么样，这个曾经理所当然获得优异成绩的孩子低声嘟哝道：“这学期刚开始还行，但我觉得好像没有动力。”没有动力？8年前，他可从未这么说过。

当然，聪明的高潜能者会因为各种随机的事件和经历而误入歧途，然后随波逐流，不再付出努力。问问自我设限的高潜能者，什么时候以及为什么停止了努力，他们给出的答案会各不相同。有些人说，早在小学第一次做家庭作业时就放弃了努力。还有些人会说，他们不再努力，是因为某个突发的重大事件（比如，和嘲笑他们的表现的老师或教练发生冲突），或因为转到新学校而缺乏归属感、持续性的情感退缩或情绪低落。然而，更为常见的原因是，他们慢慢地陷入自我满足，最终，内心的火焰熄灭了。

步入成人世界之际，你过去的选择模式会影响这决定性的一步。伟大的成功需要天赋，但有天赋不一定会成功，因为成功还需要更多的东西。如果你随波逐流，但并没有完全忘记目标，并付出了努力，那你有可能会摆脱懒散状态，有所作为。另一方面，如果你像塔娜那样，完全抗拒努力，就可能踏上远离成功的道路。

成就是不断努力累积的结果，偶尔也会有奇迹闪现的时刻。从任何阶段开始向前迈进，都会承担某种风险。

有这样一个充满诗意的美丽故事：河水流到沙漠边，面临着进退两难的困境：它要变成水蒸气，随风而逝。河水知道什么是水、什么是河流，但不知道什么是水蒸气。如果它拒绝变为水蒸气，最终就会被沙漠吸干。只有接受改变，它才能越过沙漠，到达高山，凝结成雨滴降落，从而获得新生，开始新的循环。

生活中，我们都是从已知迈向未知的。拒绝这样的过程，你就会停止“进化”。如果你认为你在学校没有努力，是因为你在蓄积力量，等到重要的时刻再努力，那现在就是重要的时刻。如果你过去总是随波逐流、逃避要求，那你是否有能力迎接成人世界的必然挑战呢？

# 第3章

# 保持优秀，全力以赴

如果把一个人的生活想象成或大或小的房间，那很显然，大部分人都只熟知房间的某个角落、窗边的某个地方，或是他们来回走动的那块地板。

——莱纳·马利亚·里尔克《致青年诗人的信》

“世界末日”这个名词，对我们来说，可能只是一个时间概念，而在现实中，它是永远处于开庭期的即决法庭。

——弗朗茨·卡夫卡《中国的长城：故事与省思》

我为自己未能认真对待一切而感到羞愧。我曾拥有那么多机会，全都随意浪费了。我不够谦卑，缺乏尊重别人的意识。我有幸拥有天赋，却视其为理所当然，没有珍惜。

——罗伯特

魔法，也有其限制。某个时刻，仅凭天赋或只做最少的努力，你也能成功。某个时刻，事情却不那么容易。某时、某地，某人会比你更聪明、更有知识、更努力，或者任务更为艰巨、标准更为严格。这一刻什么时候会到来，谁也不知道，但不管是在学校还是职业生涯初期，你都必须去应对。只是到场，远远不能解决问题。如果你还想保持优秀，就必须在新的领域全力以赴。在人生的某个阶段表现出色，并不能保证下一个阶段也会表现出色，前途无量的人，有时候会“引擎熄火”，闯关失败。这个时刻——步入成人世界——是你闯关失败的时刻吗？

## 关键时刻：“成人期”的转变

除了出生和死亡，“成人”绝对是最为重大、关键的人生时刻。不管“成人”代表着什么，它都标志着你完成了漫长的“学徒期”，做好了独自面对世界的准备。现在，你该面对这个事实了。

克服这个阶段的困难，看似比较容易。如果不努力就能成功是对拥有天赋的标准证明（事情容易 = 天赋），那么，另一个等式（事情困难 = 没有天赋）是否成立呢？其实，问这个问题也会让你进入新的领域。你曾经认为理所当然的一切，现在已不再确定。开始工作就标志着去芜存菁的时刻到来了吗？你现在就该放弃，以减少损失——提前引退，放弃精英“衣钵”吗？迷雾散去之后，显露出两大基本的选择：全力以赴，或者在无限的可能中选择最柔软的地方降落。

选择全力以赴，会带给你风险。如果你未能取得巨大成功，人们难免会认为你没有在现实世界中发挥自己的能力。如果你获得了成功，那等待着你的会是什么呢？更多的期望？如果你无法达到或不想达到这些期望，怎么办？拥有非凡才华的人，如果成就平平，就会被人认为做得不够好。你尽了全力，却表现平庸，就会被视为“次等品”，是配角。

面对这个转变时刻，有人退而求其次，自认为是合理的妥协，选择“靠近小丑”的策略；有人选择大胆的、冒险的办法；还有人选择逃避或拖延，迟迟不肯正视这些问题。电影《失恋排行榜》（*High Fidelity*）中有3个年轻人，他们躲在音乐商店中，把它当成庇护所，自命清高，批评、讥笑别人，嘲讽那些他们认为不够时髦的人。事实上，他们是故步自封。他们只有承担风险，生活才会散发光彩。

步入成人世界之际，你会将以前的那些自我挫败的选择和习惯带入其中。它们可能会暂时让你逃避不确定的世界，但久而久之，就会限制你的成功。成人世界会发生什么？何时才是重要的时刻？你会振作起来、觉醒过来吗？

在本章中，我将探讨“成人期”这个关键的转变期，让大家了解它会引发的恐惧以及自我设限的高潜能者典型的应对方式。“新晋”成人面临着重大的职业抉择，我会详细地探讨自我设限的高潜能者喜欢选择的职业以及他们对待工作的典型态度。不管是否拒绝长大，所有自我设限的高潜能者都养成了习惯性逃避的模式，进而影响了他们的工作、财务、人际关系和业余生活。我会对这些逐一分析，然后重点讨论那些最终悔恨交加、别无他路、只得开始努力的自我设限的高潜能者。

## 关于职业的 12 个愿望

高潜能者拥有许多职业选择。工作占去了人生中的大部分时间，那你希望从中得到什么呢？理想职业的构成要素有哪些？拿出纸笔，静心想想自己的优先顺序，然后列出清单，并和下面的清单进行比较。（本书会有大量的书面练习，建议你准备一个合适的笔记本，用以写这个清单，也可以用于其他书面练习。）

下面这 12 个要素，可以让你从职业中获得参与感和成就感。

**1. 内在兴趣。**从事自己感兴趣的、本身也有价值的工作。

**2. 挑战性和刺激性。**解决高难度的问题，借此发挥自己的才智，并从中获得满足感。

**3. 参与感。**从事你在乎的、视为重要事业的工作。

**4. 价值。**从事的工作会带来真正的贡献，觉得自己做的事很重要。

**5. 认同。**你的努力被人认可和赏识，你的贡献受到重视，你觉得自己很重要。

**6. 影响力。**在工作中和公司里都拥有话语权。

**7. 创造性。**有机会贡献自己的创意和解决方案，并获得相应的支持。

**8. 独立性。**可以独立工作、自主决策，不会随时受人监督。

**9. 掌控力。**对于工作进度和内容有一定程度的选择权。

**10. 收入。**获得足够丰厚的、令人舒心的报酬和福利待遇。

**11. 稳定性。**工作有长期保障，有发展前景。

**12. 良好的环境。**工作环境良好，和同事相处融洽。

关于这个清单，有几点需要注意：第一，它没有固定的顺序，你最看重的要素，可能和别人大不相同；第二，每种职业的好处都是取舍问题，因此，这个清单可能包含你根本就不想追求的要素；第三，你希望从工作中获得的某种要素，可能没有出现在这个清单上；第四，要想从某种职业中获得某些或全部好处，你需要认真对待、全力以赴。

任何一个“工作愿望清单”，都会有内在的风险：你可能将它作为借口，拒绝接受某个不够完美但有价值的工作。你想要的理想工作，可能涵盖上面这 12 项特质，但请注意：不要花很长时间去无谓地寻求理想的工作。这是拖延战术，你会因此失去许多可以从中获得成长的工作。也不要因为恐惧而拒绝某些工作，否则你同样会因此而错过获得成长的机会。想一想：你希望站在距离小丑多远的地方？

选择职业，是一个重大的、艰巨的任务。二十二三岁的你，如何决定自己下半辈子要做什么呢？在现实生活中，寻找有价值的工作，通常都不是从列出职业愿望清单开始的。它是一个需要技巧的取舍问题。人们寻找理想的工作，但最终寻求的是他们认为不可或缺的职业要素。很显然，你对自己的认知、对工作的看法、对工作回报和要求的权衡取舍，这些都会极大地影响你的优先选择顺序。那么，你应该寻求哪种职业呢？这个问题的答案，取决于你认为什么对自己最为重要。

理论上讲，大多数职业都具备我上面列出的所有或者大部分要素。但在现实生活中，从事任何职业都需要经过高级培训。学业糟糕，你就会被挡在研究生院或职业学院的大门之外。学校培训完成后，大多数职业都会提出严格的要求，需要你承担重要的职责，并通过继续教育跟上那个行业的最新发展步伐。这些工作要求，往往不是你迈出办公室大门就可以随意结束的。许多自我设限的高潜能者，对这些通行的职前准备和严格的工作要求毫无兴趣、缺乏耐心。

此外，独立经营专业事务所，这是一项需要创业精神的事业——发挥专业技能的每一分钟，你都会有产出。刚入行的专业人士，大都有学费负债，而且工作挣钱的时间较晚，因此，他们中有很多人经受不住金钱的诱惑，拼命工作，工作量太大。如果不控制自己的工作量，下半辈子很快就会被“透支”。那些对经营事务所不感兴趣的专业人士，可以选择加盟大型专业事务所，从事白领工作，或者加入专门小组、咨询委员会或监管机构，这些地方的工作时间有规律，也不需要创业精神。

在所有职业中，大学教师可能是自主性、掌控力和独立性最强的职业，而且潜在地涵盖了上述12项职业要素。大学教师的薪水虽然有高有低，但是，一旦获得终身教职（通常工作五六年后），实际上就确保了终身的工作。教学要求、学院任务和论文考核不尽相同，不过，自我设限的高潜能者总会想到降低要求或逃避任务的办法，最大限度地减少工作量。比如，不做或少做研究。

在任何层次的学校教书，所承担的责任都有别于其他专业工作。其实，教公立小学和初中，从根本上讲是一种公务员的工作。在美国，教师薪酬有限，政府教育投入减少，这虽然会影响教师的积极性，但对于自我设限的高潜能者来说，教书的吸引力在于能够相对自主地管理课堂，工作时间合理，还有带薪假期。大多数教师都尽职尽责，尽量完善教学内容。有些老师的工作时间很长——事实上，他们会过劳——忙于批改作业、准备资料、制订教学计划、举行家长会，但有的教师并没有做这些事情。自我设限的高潜能教师会尽量减少课外的准备工作。

有些自我设限的高潜能者会更加看重低要求和稳定性，不太看重掌控力、独立性和影响力，对他们来说，政府部门的工作都有吸引力。在美国，公务员职位很少需要创造力或独创性，而这一点常常为人所不屑——决定都是由管理手册做出的。喜欢将风险降至最低的自我设限的高潜能者可以接受这种状况。政府部门的工作节奏要比私营企业慢得多。如果你曾在美国邮局或车辆管理局排过队，那你进门后就不会奢求什么“工作效率”。

在美国，公务员工作相对制度化，有时还单调乏味。由于这一特点，那些可以提供办公车辆或允许外出办公的职位最受自我设限的高潜能者欢迎，这样他们就有了打破工作单调性的办法。上午 10 点从单位外出检查城里的某处工地或设施，中午的时间你可以停下来喝杯咖啡。如果碰上堵车，好吧，大家都知道那会怎么样——下午 1 点前都不能出现在办公室了。在甜甜圈店里逗留，这对高速公路巡警来说像是笑话，但对社区关系工作者而言，在唐肯甜甜圈店或卡卡圈坊传播邻里之情，却是可以接受的工作内容。拜访另一政府部门时，和那里的工作人员畅聊一下明年的预算情况，只要不影响你完成任务，也是可以接受的。

私营企业里的工作又是怎样的呢？工作具有挑战性、多样性，公司可以提供加入团队的机会以及参与有趣项目的机会，你可以获得不错的报酬，同时可以从股票期权中获利。总之，根据不同的职位和具体情况，公司工作可以提供上述的几种或 12 种好处。然而，公司文化各不相同，公司工作可能要求你牺牲私人生活，付出大量时间。公司氛围也是众所周知的，竞争激烈，缺乏稳定性，有时还会遇到出人意料的挑战。

▶ 招聘人员来到校园，德瑞克听完动人的宣讲，使出浑身解数，签了一家创意咨询公司，获得了令他满意的工作。这份工作为德瑞克提供了上述大部分职业好处，似乎非常不错，不容错过。

头两年，德瑞克给他的主管留下深刻的印象。不过，他慢慢注意到，他的许多同事对待工作的态度有所不同。他们更为主动，更有激情，有些显得更为成熟、更自信。德瑞克觉得没有把握，不过，很幸运，他做的那个项目大获成功。

两年后，让德瑞克感到意外的是，公司让他管理一个经营不善的小部门，并承诺给他升职和加薪。他的主管告诉他，只要这项工作取得成功，他很可能获得在职攻读 MBA 的机会，而且费用由公司负担，这是公司的“明日之星”才会享有的荣耀。德瑞克感到困扰，不是因为管理工作本身，而是突然间被这么多人关注。他不能再靠侥幸成功，他不知道自己是否应该接受这个职位。

德瑞克想找个办法，既可以拒绝这个职位，又不用离开公司。如果公司的管理层认为他是在逃避这个任务，那他就完了。德瑞克幻想着，慢性支气管炎可能会引起肺炎，继而就可以请长期病假，公司出于自身利益，就会允许他拒绝这个新的职位。但是，患上肺炎，这个办法不但显得荒诞，也不太让人相信。

德瑞克决定去别的地方找份工作，任何工作都行，最好是在其他州，然后借此机会，重新思考自己的职业生涯。他找到的新职位，明显不如原来的职位。1 年后，他又莫名其妙地换了工作。3 年过去了，如今，他的个人简历让人生疑：相较于第一个公司，他入职的其他公司越来越差，职位也越来越糟糕。他后悔放弃了第一份工作，认为那是致命的错误。现在，他的自信心大受打击，不知不觉地陷入了绝境，觉得无力自拔。

德瑞克认为销售是他的出路，但又觉得自己不适合干这个工作。但是，对其他自我设限的高潜能者来说，销售工作就像是磁铁。如果你过去荒废了学业，或者像德瑞克那样犯了错误，销售工作就好比是强大的“平衡器”（至少在收入方面），是重整旗鼓的职业。你的大学专业、你的成绩，都不重要，唯一重要的是成交量。

独立性是销售工作的一大诱惑。一旦完成销售培训，确定了销售区域，基本上你就可以单打独斗了。多好啊，自由！没人监督你，你可以在干洗店逗留，可以去图书馆借书，可以喝咖啡或慢慢地享用午餐，也可以上午健身后再拨打销售电话。除了某些例行的销售会议，一切都由你说了算，你安排约见的事情，你决定上下班时间。

做销售代表，对那些有魅力、会社交的自我设限的高潜能者尤其富有吸引力。他们往往觉得，不用工作就能挣钱。如查理所说：“我只需坐在那里，打打电话，就能挣 25 万美元。这工作难做吗？”不过，销售不需要教育背景，这可能是它的一个潜在弊端。个人感兴趣程度、挑战性和刺激性、个人参与感和价值感往往也较低。查理就觉得销售工作没有挑战性，不需要创造力和自我发挥。

销售工作具有独立性，但缺乏制度性，这也会带来负面影响。比如，你去办公室，接收电子邮件和语音信息、翻看信件、喝喝咖啡、整理备忘录，然后就该花一小时吃个午餐了。整个下午，你可能只拨打了一两通真正的销售电话。

想靠销售赚到可观的收入，就需要自律和努力。对那些缺乏自律的人来说，销售最终只会是“女妖之歌”——危险的诱惑。带个手机或笔记本电脑就可以在任何地方开展业务，或者坐在家里穿着睡衣打打电话就能挣到钱，而无须忍受上下班塞车之苦，这种自由非常诱人，但有悖于另一个现实：你必须系统地投入时间，才能完成销售任务。因此，许多自我设限的高潜能者的销售业绩勉强合格，而有些人坚持做销售，完全是因为这份工作的自由度高。

有些人不喜欢制度性，想拥有更多的自主性，他们还可以选择其他职业。有些人转而自己当老板，或者去做带有企业经营风险性的工作。但是，这些工作由于缺乏制度性，要想获得成功，可能就需要更多的自律，付出更多的以目标为导向的努力。

有些人想摆脱销售任务或领导的要求，对他们来说，地产销售是个不错的选择。地产销售行业的工作节奏要比其他销售工作的节奏慢，而且，碰到地产市场火爆的时候，销售工作会变得非常容易。对喜欢和人握手的自我设限的高潜能者来说，地产经纪人证书考试似乎就是小菜一碟，然后就可以到达“自由胜地”，赚到大钱。作为地产经纪人，你可以来去自由，你做的所有事情，包括去莱昂斯俱乐部、参加地产商会会议，都可以视作推销工作。只要一两个月拥有很高的业绩，全年其他时间就不用那么努力了。

当然，地产经纪人也必须面对苛刻的、让自己不放心的客户。

你必须随时关注他们，不断和他握手、做保证，没有这些服务，他们就会打消购买的念头。偶尔，你还要做做办公室杂务，准备烦琐的文件资料。另外，周末往往需要加班，几乎没有真正的假期。最后，不付出系统性的努力，谁也不会在地产行业里做得好、做得长。

直销行业兼具销售和创业的性质，似乎是很不错的机会。它会让你拥有独立性和掌控力——你是自己的老板，你想什么时候工作、做多少工作，都没问题，而且，理论上讲，你可以获得可观的收入。推销吸尘器或某种包治百病的灵丹妙药就能获得“自由、财富”，这种天花乱坠的说辞，往往是“美国梦”的某种翻版，内在兴趣、挑战性和刺激性、个人参与感和价值感也不太明显。

有些直销计划是合法的，但几乎所有的计划设置都很难仅靠销售产品而获得财富。其真正的途径是发展下线。从你的下线以及下线的下线的销售中，你获得提成。所谓的自由，其实是误导，大多数人辛辛苦苦，最终只能勉强维持生计。

从事直销，意味着要经营个人生意。从某种意义上讲，拥有个人生意，你随时都在工作，而且下半辈子都要工作。经营任何个人生意，要取得成功，都需要投入时间、系统性的自律和努力、坚持和耐心，同时还要身兼数职——秘书、董事长、副董事长和销售经理。

独立承包人和自由职业者，包括建筑行业、顾问行业、咨询行业的从业者以及摄影师、记者等，可以不同程度地提供前 9 项职业好处，有时候也会有其他好处。除了政府，谁都不会从你的收入中分一杯羹，因此，你获得的报酬可能会高于为别人打工，同时还享有独立性。你到达现场，施展你的技能或专业知识，然后就可以离开。如果是咨询工作，你只需给出建议，然后让别人按照你的建议去执行。

不过，独立承包人需要推销自己和自己的业务。你需要长期的、持续的努力，才能建立起信誉，获得服务、推荐人和稳定的客户。而且，管理时间和工作流程也是一门艺术。例如，建筑行业里的独立承包人，某个工程完工前就已经获得了大部分的工程报酬，往往会急于接手新的工程，获得新的资金注入。他们想立即开始新的工程，必须同时在两个地方工作，来回跑动，不停地向不满的客户解释工程尚未完工的原因，因而会浪费时间、降低效率。

建筑承包商通常都会如期开工，几天后会放置一些工具，运来建筑材料，设立界桩，然后就会消失一段时间。你可能也发现了，快要完工的工程，扫尾工作要持续数周甚至数月。此外，你还需要应付客户的个人风格以及偶尔的刁难，特别是你让他们等待太久的时候。

定价过低，高估财务回报，这是独立承包人常见的自我挫败陷阱。在工程初期让客户白天和晚上随时都能找到你，这本是临时的策略，但往往会变成持久性的做法，因为客户希望你永远都有空。自由职业者通常很难启动和结束工作，区分工作时间和个人时间，要花大量的精力让自己随时保持“在线”。

音乐、文学、造型艺术等创造性工作，也深受自我设限的高潜能者的青睐。除了可靠的薪水和稳定性，这些领域的工作也可以提供其他诸多职业的益处，特别是从事这些工作的人还可以兼有教职。不过，创作具有很强的挑战性，需要全身心投入，往往意味着要奉献自己。

艺术领域里的自我设限的高潜能者常常会退缩，其实这一点在所有的创造性工作和普通工作中都存在，因为创作并非易事，如果没有取得成功，就会感到厌倦，无法坚持下去。作家的作品不断被退稿，一直徘徊在成功的边缘，可能就会突然停止写作，挣扎于文思枯竭、自我怀疑和无常的工作习惯中。从事造型艺术工作的人，有时候确实会经历各种困难，无法实现自己的愿景。在造型艺术和表演艺术领域，“怀才不遇者”大有人在。大多数人都会坚持创作，接受并应对挑战。不过，商业成功往往与艺术水平无关，一般都是靠善于自我炒作和迎合大众口味得来的。有些自我设限的高潜能者，特别是“反抗者”“施展魅力者”和“极端冒险者”，会加入艺术“服装业”，为容易受骗的“国王”制造“新衣”。

好在，拥有创造力、抱负和想象力，愿意承担预期风险的人，还有其他机会可以选择，其中有些可以提供“愿望清单”中的大多数职业好处。大家都听说过这样的故事：某人在厨房或车库里想到一个绝妙的点子，然后根据它做成了非常成功的企业。不过，这样的计划会有风险，你要不断试错、努力学习和忍受挫折，并且坚忍和勤奋。此外，这些计划还会迫使你实现自我成长。

▶ 扎克伸手按掉闹钟，嘴里嘟囔着。设置闹钟的时候，他告诉自己，上班绝对不再迟到。现在是上午 10 点 15 分，那个想法失败了，他想再睡一会儿。

扎克，28 岁，电脑顾问。3 年前，他辞掉计算机程序员工作，去了一家专门租借外国影片的音像店。最终，他打算开一家租借冲浪运动装备的商店，但一直没有筹到足够的资金。他决定：今天，趁没有顾客的时候，他一定要写完商业计划书，修改后交给他父亲的一些朋友——潜在的投资者。

到了音像店，他过马路买了杯咖啡和一份报纸，和邮差塞西尔聊了会儿天，两个小时就过去了，而他还没有把头天晚上顾客还回来的录像带放到架子上。扎克并没有按照计划写计划书，不过，他还是用力地按下键盘，在电脑上浏览自己的飞行里程账户，然后登录他喜欢的哥斯达黎加网站，以寻找灵感。“这就是我要做生意的地方。”他感叹道。

他终于准备写计划书，但又决定先去买个三明治，然后把报纸读完，午饭后再整理货架。补充营养后，他就可以写计划书了。

但是，吃过午饭后，他并没有整理货架，而是浏览起了程序员招聘广告——只为了解目前的薪水状况。将货架整理好后，他发现已经4点半了。下午已过去大半，没时间写计划书了。他告诉自己，他需要一段较长的、不受干扰的时间，才能真正投入到计划书的写作中，可是傍晚的生意高峰期很快就会到来。

他打算晚上回家再写，可他晚上的工作效率很差。于是，他打电话给朋友艾尔，两人决定去一家小酒吧，观看一位萨克斯乐手在旧金山的首场演出。这样一来，肯定很晚才能回家，第二天又得上晚班。所以，扎克暗下决心：明天上班前一定写完计划书。

扎克犹豫不决，是因为内心深处充满着矛盾——对自己的未来，他的内心深处隐藏着复杂的感受，挥之不去。冲浪装备生意只是过渡阶段，是他所说的“创业阶段”要做的事情。困扰他的，是他以后要真正做什么。他想做些特别的事情。

这种纠结，并不是只有扎克才有。如果你有才华，又想走一条不同寻常的道路，那你就得从头开始。相比之下，完成正规教育和专业训练后，接下来的道路基本就是确定的。这些都需要时间，但你一开始就知道具体的时间安排。通过各个关口后，就会获得职场门票。

不过，规划人生航程时，会有很多诱惑、分心、挫折和绝境。没有正规的制度约束，你会受到诱惑，误以为自己很快就能成功。你擅长写作，只要坐下来，很快就能完成剧本创作。有什么难的呢？其实，即使你擅长写作，创作剧本也比你想象中困难。

选择走自己的路，会碰到相互交织的两大困难：第一，开辟新的道路，需要技能和自律。你可能已经具备了这些，但你还必须消除自我怀疑、克服自我挫败的习惯、打消自我设限的想法，必须专注地保持航向。第二，即使做到了这些，也不能保证你会成功。

扎克的例子表明：起步通常是最为困难的阶段。而对其他人来说，困难之处在于：碰到挫折，依然坚持自己的追求。争取投资者或客户，创业时非常艰辛，付出时间后却迟迟没有回报，这些都会让许多人过早地止步。还有的人愿景很小，满足于微不足道的成功，或者根本就不起步。

做出上述权衡后，许多自我设限的高潜能者会列出较简单的职业愿望清单，寻求能带给他们另一种补偿的工作，也就是我前面提到的，没有太多要求。放弃理想的 12 项职业要素，退而求其次，其实就走上了另一个方向。理想的职业要素越少，工作的回报就越少，获得成就感的机会就越少。

## 8 种工作态度，里面有你的影子吗？

按道理，进入成人期，你应该自由地设定人生航向，追求自己的梦想。自我设限的高潜能者养成的成功模式是：不用怎么努力，就能成功，长大后，他们依然抱着不劳而获的期望。你有才华，却不想全力以赴，那你在此阶段的发展将变得复杂难料，就像德瑞克一样。遇到重大的挫折，你的学校经历就会故态复萌，你会随便找个不太喜欢的工作，养成自我疏离的工作态度。

如果你不够投入，也不够努力，那么工作成就就很底。如果你对工作毫无激情，在下面这些工作态度中，你很有可能会找到自己的影子。

**偷懒耍滑者**（Job Coasters）："偷懒耍滑者"会吝惜努力，随时随地走捷径，把尽量少努力当成核心目标。从某种意义上讲，所有的自我设限模式都有偷懒耍滑的成分，但"偷懒耍滑者"逃避的是工作本身：工作半途而废，困难的任务让别人去做，不去提高自己的技能或跟上行业的最新发展步伐。在工作中，他们尽量少做，往往表现糟糕。

每种职业、每种职级中都有"偷懒耍滑者"。有的人刚参加工作就采取这种态度；有的人则是工作后走过场、混日子、等着退休，逐渐形成这种习惯的。

在单位，"偷懒耍滑者"不为陈述发言或会议做准备，而是到了会场才匆匆浏览会议议程。"偷懒耍滑者"故意表现得糟糕，总是拖延时间，以此降低别人的期望，让自己显得不可信赖，以确保别人不会让他们承担过多的责任。

偷懒耍滑的自我设限高潜能者，他们工作是为了生存，而不是为了满足其他需求或发挥自己的创造力。甚至，有些人会把偷懒当成生活方式。

**逃避要求者**（Demand Avoiders）：“逃避要求者”会刻意寻求能够轻松胜任的工作。他们更加看重的，不是那 12 项职业要素，而是自由，因此，任何人对他们提出要求，他们都会选择逃避。和“偷懒耍滑者”不同，“逃避要求者”的工作表现较好，而且不会走捷径，甚至有些人的薪水还不错，但是，他们会逃避费力的、麻烦的职位。发挥才华、释放激情，这些都不在他们的考虑范围之内。“逃避要求者”通常都是“拖延者”“进退两难者”或“宁缺毋滥者”。

**躲避藏匿者**（Hiders）：“躲避藏匿者”会在大型公司的“雷达图”上找个缝隙或黑洞，躲避公司“雷达”的搜索，消失数月，做着某个不引人注目的项目。

► 马文，38 岁。他刻意不去寻求那些追求上进的同事所认为的“热门”、高调、吸引人眼球的工作任务。在工作中，马文远离“聚光灯”，因此压力较小，被监管的机会较少，而他的主管却深受压力和焦虑的折磨。

“躲避藏匿者”会想办法让自己被忽略，比如作品完成了，也尽量拖延上交，因为他们做的显然不是刻不容缓的工作。“躲避藏匿者”通常都是“功亏一篑者”“绝不冒险者”或“沉睡者”，但也可能是“进退两难者”或隐匿的、低调的“反抗者”。

**自得其所者**（Niche Builders）：“自得其所者”与“躲避藏匿者”相似，但主要存在于小公司、事务所或大学科室中，他们从事平凡、无聊但必不可少的、别人都不感兴趣的工作，以躲避更有风险、要求更高的工作。它可能是非专业性的、辅助性的工作（如行政事宜），这种工作，他们原本只是暂时接手，但后来再也没有放手。

▶ 洛娜对工作满怀希望，结果并不成功，于是，她接手了两人合开的律师事务所的办公室事务工作，而她的合伙人斯丹继续做着出庭律师。6年过去了，现在的她依然做着事务性工作，只做案子研究，从未回到法庭上。

“自得其所者”通常是“绝不冒险者”或“功亏一篑者”，但也有可能是“进退两难者”。

**昙花一现者**（Flashers）：这种人会突然闪现过人的才华，让人刮目相看，但不会持续，总是飘忽不定、难以捉摸。他们付出努力，完全是发自内心的，而不是为了团队或单位的需要，但在紧要关头，他们也许就是那个做出壮举的“救火队员”。他们对团队或公司的僵化规定或日常活动毫无兴趣。事实上，他们似乎根本就没有团队意识。他们是独来独往的“突击队员”，虽然不太可靠，但有足够的潜能，值得留在身边。

“昙花一现者”既不弥补自己的缺点，也不提高自己的技能，因此，没有发挥自己的全部潜能。相反地，他们一再重复自己得心应手的工作。例如，老是写出同样剧本的剧作家，或老是表演同样即兴乐段的吉他手，他们是不完整的，能力总是处于“休耕”状态。

广告公司、营销部门、艺术界和运动队中经常会有“昙花一现者”的身影——通过扮演这种角色，左撇子棒球投手和 7 英尺高的篮球运动员也会发大财。

“昙花一现者”通常是“宁缺毋滥者”“极端冒险者”“怀才不遇者”或“反抗者”，偶尔也会是“施展魅力者”。

**跳房子游戏者**（Hopscotchers）：这种人不断发起新的工作计划，但都不会坚持太久，新鲜感一旦消失，马上就会跳到下一个计划中。“跳房子游戏者”大都从事销售工作，也会涉足直销业、企业经营、自由职业或自我创业。他们没有耐心建立成功所需的人脉和客户关系，因而总是搞砸计划。

他们对自己的能力往往抱有天真而乐观的看法，对成就所需的时间缺乏充分的了解。不管是什么事情，只要不能马上成功，就会失去耐心。他们往往会放弃本来很好的计划，转向另一个可能回报更快、未来收入更高的职业，哪怕需要付出同样的时间才会成功。他们觉得上一个计划被搁置，是因为产品不好、缺少支持或情形不对，自信地认为这次的机会肯定会更好。

讽刺的是，有些“跳房子游戏者”会采用相反的模式：他们不愿放弃明显错误的冒险计划。他们顽固地“苟延残喘”，仿佛是想证明这个新的举动是随意而为或是错误的。因此，“跳房子游戏者”不是抽身太早，就是拖延太久。

“跳房子游戏者”通常是“宁缺毋滥者”或“极端冒险者”，偶尔也会是“拖延者”“施展魅力者”“反抗者”或“怀才不遇者”。

**职业冲浪者**（Job Surfers）：“职业冲浪者”放弃常规的职业路径，选择最底层的工作，一会儿在酒吧，一会儿又在书店，待到无聊的时候就换个工作。“职业冲浪者”与“逃避要求者”具有某些相同的特征，不过，后者不会那么频繁跳槽，也不一定都从事最底层的工作。相比之下，“职业冲浪者”往往缺少培训的机会和工作经验，无法胜任要求更高的职位。

“职业冲浪”成为这些人的“默认设置”，常常是因为他们过去的决定和选择排除了其他的可能性。他们可能放弃了某种才华，或者未能抓住本来很容易成功的机会。“职业冲浪者”通常是“随波逐流者”“沉睡者”“拖延者”“绝不冒险者”或“反叛者”。

**临时冲浪者**（Temp Surfers）：“临时冲浪”是“职业冲浪”的翻版，通过临时就业安置机构获得工作。这种策略可以源源不断地提供工作机会，还会省去自己求职的麻烦。职介所基本上是为求职者和用工方牵线搭桥的服务机构，双方无须做出长期工作的承诺，因此，“临时冲浪者”碰到工作不顺心就可以离开。排在用工要求第一位的是能够按时到岗。操作得当，他们还可以享有工作期和断工期之间的灵活时间。“临时冲浪者”通常是“沉睡者”“随波逐流者”“拖延者”和“怀才不遇者”，偶尔也可能是“绝不冒险者”或“反抗者”。

许多自我设限的高潜能者，尤其是那些懒散懈怠、玩弄自己才华的人，不愿意坚守同一份职业。坚守意味着全力以赴，放弃其他机会，把自己的未来绑定在某个选择上。“人生已成定局”会让人不寒而栗，那些尚未准备好做出如此重大选择的自我设限的高潜能者，会觉得自己被束缚住了。

▶ 汤姆，32 岁，谈起自己职业选择的纠结时说：“我感觉，打开一扇门，就会听见身后有上千扇门被关上。我觉得自己没有准备好，无法做出如此重要的决定。”

许多自我设限的高潜能者会尽量拖延职业选择的时间。他们希望慢慢“涉入”成人生活，先熟悉“水性”。也许你“下水”之前，也曾喘气、犹豫、等待。

## 别让拖延毁了你的梦想

童年“学徒期”何时结束，成人期何时正式开始，并没有特定的时间点。事实上，所谓成人期，也没有特定的、实用的定义。完成正规教育，找到第一份正式工作，或者结婚、生子，你就是成人了吗？这些人生节点，只表明你的成人责任增大，但它们都不是确定的，也不遵循特定的顺序。

每向前迈一步，成功的期望就应该越大，目标也应该越清晰，但众所周知的是，有些人走过了上述节点，却依然没有表现出成人的成熟特征。而且，接受大学教育和职业培训的学生，早就步入了成人期，但无法开始真正的职业生涯，只能向后推迟。

成人期起点的这种模糊性，提供了回旋空间。出于实际的或看似冠冕堂皇的原因，每一步都可以推迟。在这个边界地带，有些自我设限的高潜能者会陷入某种“中间过渡状态”，他们的生活充满着推迟和错误的开始。这些高潜能者是拖延者，他们的困境值得我们进一步分析。

- 阿普里尔，40 岁。关于职业、感情、要孩子的事情，现在的她还没有下定决心。她不断地从大学休学，逃避选择，因为一旦确定选择，她就会有“幽闭恐惧感”。相反地，她游历印度和中国西藏，在异国他乡临时代人照看房屋，接一些零活儿，到处打工。例如，帮朋友打理一家小时装店。

- 布莱恩，46 岁。做过各种各样的工作，偶尔做做自由记者，但他不断变换工作方向和地点，因此，他在记者行业的进步很有限。最近，他搬到了美国西海岸，觉得自己应该更认真地对待工作了。

同前面提到的那位“未来的教授”罗纳德和“未来的舞者”史黛西一样，阿普里尔和布莱恩也是犹豫不决，但是，这两人有时会从中得到慰藉。因为没有准备好做出最终选择，他们延长了成人过渡期，在此期间，他们的生活就像是带妆彩排，可以不断地重拍。对他们来说，逃避成人责任的第一道防线就是：推迟承担责任的时间。

其实，在青春期和成人期之间的“人间地狱”尚未到来之前，推迟战术就已经存在了。如第 2 章所讨论的，学习成绩糟糕，往往是不想离家的矛盾心态的最初迹象，成绩不好，就可以推迟离家去上大学的时间。不管你如何自我辩护，如果你真的想离家，真的准备好离家了，那你一定会确保自己的成绩能考上大学。成绩不好，就赢得了推迟离家的时间：念社区大学至少赢得两年时间；或者高中复读；或者先高中复读，再念社区大学。从家里搬出去，往往也不是结束了。有些年轻人还会偶尔搬回去住，有的会经常搬回去住，还有的搬回去后再也没有离开过家。

大学也是推迟进入成人世界的安全的避风港。作为学习知识和社会实验的驿站，大学里到处都是朝气蓬勃、知识渊博、魅力四射的人，有着丰富多彩的活动，可以自己安排时间，没有太多成人的期望，因此，你很容易习惯于这种“子宫”般的氛围。为什么只待4年就要结束呢?

大学教育几乎得到普遍性的支持，因此，哪怕你有丁点儿的进步，延迟毕业通常都不会碰到任何阻力。如果你的父母为你的学习伤脑筋，那他们就更会支持你。他们看见你希望自己完成大学教育，往往会感到心满意足，即使你晚于正常时间毕业，他们也会欣然同意。

大学学业繁重，即使是学习最认真的学生，要在4年内完成所有课程要求，也不太容易。选择休学、迟迟不确定专业、频繁转换专业或转学，就是在制造延迟毕业的机会。转换专业，就需要学习新的知识；转学，就必须满足不同的教学要求。个性化的学习方案和双学位也会增加学习时间。

这并不是说，这些选择本身没有价值或必要性。从通用的大学教育转向某个回报丰厚的领域，可能对你的人生起着重要的甚至是关键的作用。但是，出于错误的原因而延长获得学士学位的时间，可能就会造成有害的影响。

▶ 本，38 岁。他加入“极限潜能计划”时，正在考虑去读研，攻读艺术史学位，这是他最近才产生的兴趣。他曾大学休学，后来回去读了一年，然后再度休学。接下来的 4 年时间里，他先后在阿拉斯加的一艘捕鱼船上工作、在圣华金河谷做农活、在旧金山当木工学徒，后来搬到洛杉矶，就读加州州立大学洛杉矶分校的电影专业。他一边上学，一边兼职当餐馆服务员，7 年后才本科毕业。

最终，本决定不去读研，因为这会耽搁很长时间。同本科生相比，研究生的学习比较缺乏制度性和正式课程，他们花费数年时间攻读意向不明的专业，碰到困难就放弃，然后重新开始。自我设限的高潜能研究生可能根本就不想完成学位，而是想赖在学校，做教授们的研究助手，推迟完成毕业论文的时间。而有些人本来很有前途，却不断地就读，然后又放弃研究生院或专业学院。

▶ 卢克，34 岁。他放弃攻读心理学博士学位，转到行为生物学专业。放弃心理学的时候，他坚信：做出正确的决定，要比仓促完成学位更为重要。但现在他又开始质疑学术研究的价值，不知道是否应该去申请法学院。

不管此前是否延迟毕业，许多大学生毕业后，并不是马上确定终生的职业，而是“歇口气”。有的休息闲晃；有的去国外旅游，感受不同的文化，学习外语，或者体验不同的人生经历。作为目标，这些选择都有价值，无可非议。很多人毕业后没有“歇口气”，后来感到后悔。很多人休整之后，回来就开始工作。然而，有些人休整之后却感到更加迷茫，不知选择做什么，这就是逃避成人生活的第一步。

不知不觉陷入拖延之中的自我设限的高潜能者，会通过各种方式无限期延长休整时间。有些人会回到大学城，整理头绪，和其他同样选择大学“安乐窝”氛围的毕业生为伍。在这里，他们无须马上做出重大的选择。所有的决定都有先例。这个阶段的拖延行为，很可能源自他们此前在家里或学校学到的战略。

有些人不愿意放弃大学毕业后的这段“探索之旅”——无拘无束，熟悉舒适，没有时间限制。他们四处漂泊，到处历险，不断延长时间，思考未来的步骤，同时逃避压力和责任。

频繁搬家成为这种生活方式的一部分。自我设限的高潜能者会想办法适应这种生活。例如，许多“极限潜能计划”的参与者，他们留下的通信地址是邮政信箱而不是家庭住址，其人数远远高于其他心理治疗小组的人数。邮政信箱可以省去填写地址变动表格的麻烦。他们坦陈，打包行李，准备再次搬家时，他们都幻想着这次搬家会不同、会更好。

你可能也曾从东海岸搬到西海岸，搬到不同的城市、社区、公寓，试试各种可能性。有些人搬家可能是权宜之计；有的是心血来潮，未经认真思考；而有的则是其他决定的附带结果。刚搬到新地方，似乎对未来有种种好处；重新开始，似乎就可以避免老地方的那些弊端。

年轻的时候，觉得明天似乎永远不会到来，未来还很遥远。“拖延者”寻求合适的职业，却总感觉找不到，就会安于原本认为只是权宜之计的工作。但是，这些最初的决定往往会限制日后的决定。“拖延者”大都是为报酬而工作，只是因为他们不得不工作，而且他们会尽量逃避工作要求。

## 为你的报酬好好工作

大部分工作都有制度要求，这对自我设限的高潜能者来说是一种沉重的负担，因为他们主要想要的就是推迟进入成人期的自由。他们一心想逃避的，就是制度。

▶ 安娜，36岁。她觉得自己天生就不适合“44小时工作制”的那些荒唐而野蛮的规定。她认为自己根本不同于那些日复一日早上6点起床、晚上7点回家的人。她在时装店上班，就因为她可以上午11点才到店。她也做过电话营销员，就因为工作时间灵活，不用连续上8小时班。安娜说，她真想换个时代生活，可以按照自己的自然节奏生活。

像安娜这样的人，不希望进入正规的职场或从事传统的工作。他们只考虑有弹性、不用“朝九晚五”、要求少、制度少的工作。

▶ 达米安，29岁。他觉得自己不会——也不应该——被任何工作限制。这种态度也许部分是出于自我防卫，因为他现在的工作从传统意义上说地位并不高。他说，关注工作地位，就会毁掉生活，让人去追求虚幻的东西。

然而，他免不了还是会考虑地位问题。他在冷饮店上班，在做根啤的时候，他谈起自己差点儿就拿到了社会学的博士学位。他本来可以做摇滚乐乐评人，可是他拒绝了这件事。

对于自己攻读博士学位，达米安的感受非常复杂。他当初认为自己天生就不适合做教授，于是草率地放弃了，但现在常常为自我欺骗而感到悔恨。为了维护自己的形象，他只得采取非常别扭的做法：口是心非。他公开宣称自己读过博士，聪明过人、志向远大（“别看我现在在这个地方卖冷饮，不要搞错了，我很聪明，我聪明到读过博士”），但同时又巧妙地否认其重要性（“我不适合，就放弃了”），仿佛是在为自己退学寻找补救的借口。事实上，达米安现在逐渐意识到：他没想到自己会如此后悔。他像塔娜那样，通过合理化的借口来掩藏悔恨，但他其实是希望自己读完博士，然后开始工作。

**“偷懒耍滑者”“职业冲浪者”“逃避要求者”，这些自我设限的高潜能者可能从事的都是低层次的工作，但他们和达米安一样，会青睐具有某种独特意义的工作地点。对他们来说，在与众不同的咖啡馆或时尚的服装店上班，不但可以让平凡的工作变得更加惬意，还会让他们摆脱平庸感。**

▶ 达拉，39岁。她声称，她更忠于自己，而不是任何工作或老板。对于为谋生而工作这件事，她一直感到矛盾、讨厌。因此，只要有机会，她就会换工作。

她半开玩笑地说，从哲理上，她是反对物质追求的，但马上又指出，这并不等同于反对物质本身。达拉提到，虽然听上去有些荒谬，但她脑子里不停幻想着彩票中大奖，或者有人慷慨赠予她巨额财富，这样她就不必工作了。

许多自我设限的高潜能者宣称，他们对金钱不感兴趣，他们宁愿简单生活，也不愿积累无用的财富，或者从事有压力的工作。不过，他们需要金钱去旅游或做别的事情，因此，即使是枯燥的工作，如果报酬相当丰厚，他们也会做一段时间。不可避免的是，即使是金钱也不足以让他们保持兴趣坚持工作下去。

▶ 塔玛拉，46 岁，一家高档餐厅的服务员。她不喜欢工作干扰个人生活。当班的时候，她的工作并不轻松，不过，只要一下班，工作就算结束了。塔玛拉的薪水高于合租的室友——一位中学英语老师，她每天很早就起床，晚上还要把作业带回家批改。

在塔玛拉看来，工作会偷走时间。因此，她宁愿做些简单的、回家就可以不管的工作，也不愿随时随地都要想着工作上的事情。作为服务员，她喜欢白天的空闲时间。

▶ 罗德，31 岁，停车场管理员。他根本就没指望自己的工作会有趣。对他来说，工作只是达到目的的手段。周末，他在旧金山的一家餐厅做泊车员，赚取小费。他偶尔也会写写剧本，不过热情已不如当初。他会在旧金山湾区找些廉价的乐子，比如徒步旅行，在公园骑自行车。

就职业要素而言，扎克的音像店工作或罗德的停车场工作，几乎都不具备“愿望清单”中的任何要素，但这样的工作完全不需要动脑筋，因此对他们很有吸引力。罗德的工作职责简单，不用高峰期上班，因而就确保了他的工作几乎毫无压力——如果说这是他的工作的话。因为没人监督，有时候他还可以打个盹儿、读书、缴费或者写信，而这些事情本来应该回家做的。这份工作的好处是：他可以上班时处理日常琐事，下班就有了更多的空闲时间。

工作不能满足处理琐碎的事情的需求，这不一定是个问题。职业并不是获得成就的唯一途径。有段时间，我一直在想，如果爱因斯坦当时痴迷于专利办公室的工作而且表现良好，那情况就另当别论了。然而，在工作之余，他所做的事却是释放激情、发挥想象力、研究投稿。

▶ 塔尼娅，44 岁。她说，她表面看似很顺从，但如果有人要求她做什么，她就会发火。她不喜欢别人监督、考核和检查她的工作，因为这些监管会有损她的自主感。她还毫不自夸地说，她比大多数上司和老板都聪明。不管在什么职位，她都视自己为专业人士，而且希望别人也这样对待她。

被视为平凡之人，自我设限的高潜能者会感到愤怒。不管他们的工作多么平凡，他们本人过去、现在、将来都绝不是平凡之人，谁都不要忘记这一点。不难看出，正是这种想法，才使他们对自由孜孜以求，自由成为其生活特征，他们顽固地拖延进入成人生活的时间。那么，这种拖延的根源是什么呢？拖延又会带来什么后果呢？

## 逃避，会让事情更难完成

现在，我们应该清楚，自我设限行为以及由此引起的低成就，有一个核心的原因，那就是害怕失败。害怕失败会促使你远离风险——逃避——但是，一旦却步，你就限制了自己的生活。

逃避比失败本身更危险。你逃避，就等于邀请别人介入接管。此外，逃避还有其他不利方面：第一，逃避短时期内确实有效，可以立即缓解焦虑感，因此，逃避者很可能会再次选择逃避；第二，逃避会中断能量和动能。还记得我在马克婚礼上见到的他弟弟皮特吗？他选择暂时不做好学生，结果变得不可救药。

为了了解逃避的代价，我们来看看下面这个简单的例子。你收到一封信——不是私人信件，是一封长信。你觉得自己很忙，没时间看它，你开始把信件抛来抛去，但又决定先看一看，然后就扔掉。可是你还是没有那么多时间，于是把它搁置一旁，等时间充裕后再看。

不管你自己是否意识到，此刻，你已经制造了一头“怪兽”：一件未完成的事情。下次看到这封信件时，你会以更快的速度推开。这件事情，你以前没有时间做，现在也好不到哪儿去。第三次看到的时候，你肯定就会想：这件事情拖延了两次，可能就是不太容易的事情，但是我现在没有那么多时间去做。未完成的事情，就这样在大脑里留下印记，而且不断“利滚利”。

定理：任何事情，只要未完成，下次碰到时就更难完成。推论：（1）任何事情，只要逃避一次，很可能就会再次逃避；（2）逃避一个重大的生活问题，下一个问题就更难面对。

对于任何拖延或逃避行为，这就是问题的核心所在。你搁置任务，就提高了完成任务的门槛。34 岁的保拉说，每当看到一摞摞的信件时，她就感觉自己被一张无形的大网包围着，那些信不断地吸引她的注意力，她就像是被小人国居民捆住的格列佛，最终被囚住，动弹不得。

逃避处理信件只是一件小事。如果是关乎人生的重大抉择或梦想，代价就会更为高昂，尽管两者的心态运作如出一辙。逃避倾向会从孤立的行为泛化为模式，再由模式变成你的观念，最后成为你的个人特质。你没有坚持，就会得出结论：你缺乏毅力；你逃避，就会得出结论：你是一个“逃兵”。而且，自我挫败、自我设限行为有一个典型的、有时不为人知的合理化方法，那就是重复这个行为，仿佛是在说：“我这个决定没有错，我要证明给你们看。下次我还会这么做。”

还记得键盘手德妮丝吗？为了逃避才华平庸之人才学习的音乐理论，她做出了自我设限的选择。起初，她只是推迟学习音乐理论，因为它太乏味，还要付出大量的努力。她心想：我干吗要学习那些无聊又不重要的理论呢？

其实不然，这些理论知识非常重要。电影制作人、舞蹈家、剧作家、精工木匠、雕塑家、运动员、车身和叶子板修理工，这些人的作品让人难忘、让自己深感满足，就是因为他们时刻保持专注的精神，实现了自己的愿景——哪怕是微不足道的琐事，他们也会认真对待。他们虽然会失败，但是会不断地改进。

逃避琐事会适得其反。不注重琐事，就会迅速选择逃避，无法等到事情向好的方向发展。获得成就，带来满足感，更深入地理解某些东西，这些都需要时间。如果你只做那些简单的、带来即时乐趣的事情，你的人生就会“缩水”，你只会局限于肤浅的事情和兴趣。

我经常让自我设限的高潜能者做这样的练习：准确描述他们每天的时间安排，就好像是为报纸写的招聘广告。“每天必须工作 × 小时，重复做同样的事情，没有激励人心的目标，没有思考的时间，也没有发自内心的快乐，等等。”他们或其他人会“应聘”这样的生活吗？答案肯定是不会。

害怕失败，踏上逃避的道路，其结局就是如此不幸。另外，不注重琐事，逃避琐事，还会引起其他问题。

## 理财不善，总是缺钱

▶ 凯文，45 岁。现在的他债台高筑，而且不是第一次欠债了。以前，他总能还清债务，可这次他不知道如何从帽子中变出兔子来。他别扭地靠在椅子上，双手抱着头，仿佛是躺在吊床上，眼睛盯着天花板。突然，他露出了笑容，幻想着自己会赚到很多钱，渡过这个难关。他做好了“精打细算”的准备。他的记账表格显示，运气好的话，他结余的钱足够还清信用卡欠款。他甚至还告诉女朋友，今年他们终于可以去度假了。

凯文肯定地告诉我，他从斯坦福大学毕业后去了一家初创的制药公司工作，薪水一直都不错。后来，他经过权衡后，冒着很大的风险，拿出自己的全部资金，还借了一些钱，购买了股票期权。股票上市后，股价一路上涨，他并没有选择卖出，而是自信地认为还会继续上涨，他终于可以“大赚一笔”了。股价开始下跌的时候，他依然很乐观，选择继续持有股票。最后，股票跌了，比他的成本价还低，他发现自己陷入了严重的财务危机中。

通过努力，他一点点地填上了财务窟窿。但是，在接下来的15年里，他没有存下一分钱。每次想存钱的时候，总有意外发生。现在的他没有购买任何医疗保险和伤残保险，不过，他对自己的健康和活力很有信心。

冬天，他做滑雪教练；夏天，他做漂流领队。今年的融雪水量很低，因此，他不得不取消9月和10月的外出漂流计划。漂流季到来之前，他截留了本应缴纳的税款，还透支了信用卡，制作了一个宣传册，还精心制作了一个网站，宣传他的漂流之旅。他说，只要他能将团队拓展计划成功地卖给公司高管们，他就大功告成了。

和凯文一样，许多自我设限的高潜能者对自己的财务状况没有清醒的认识。他们经常抱怨运气不佳，或是碰上了难以克服的障碍，但他们真正的问题往往是一叶障目。现实的财务评估，会浇灭他们的热情，侵犯他们珍视的自由感。

自我设限的高潜能者，尤其是像凯文这样的“极端冒险者”，对自己的财务状况充满信心，富于创造力，但缺乏耐心、不切实际，经常会破产。如果你也像凯文那样，对自己的财务状况抱着不切实际的、过于乐观的期望，就算你能挣钱，可能也只够勉强生存。

收入与职业选择相关，但财务不是。职业选择不好，工作业绩糟糕，往往会导致财务状况糟糕；但是，收入高，并不能保证财务状况良好。离自己的财务目标越远，他们就越会相信：只要方法得当，乌龟也能追上兔子。因此，他们会采取越来越冒险的计划，奋起直追。

一旦落后，自我设限的高潜能者就会采取快速致富计划，倾向于高风险投资。然而，这样的投资几乎不会带来收益，反而会带来更大的问题。而且，就算侥幸大获成功，他们往往会花钱如流水，好像把钱留着，他们就感到难受；他们对待金钱豪爽大方，“来得快，去得也快”。这种态度，与他们随意挥霍自己的才华是何等相似啊。

“绝不冒险者”给出的合理化理由是，其他事情比挣钱更重要。可是，他们常常欠亲戚的钱，信用卡欠款，滞纳还款，信用等级低。我接触的自我设限的高潜能者，很多人的大部分收入来自信托机构，或者指望某天继承遗产来摆脱债务。其他人则过着艰苦的日子，平时省吃俭用，却花一大笔钱购买相机或昂贵的电脑装置。

没有足够的金钱，你就会受到限制。许多自我设限的高潜能者和凯文一样，理财不善，因而总是缺钱。其他人则像下面所说的格雷格一样，只挣自己认为可能会挣到的钱（通常很少）。格雷格为自己打工，加重了财务问题。

▶ 格雷格，49 岁。他为别人打工，从未超过 11 个月。他非常聪明，大学主修数学，辅修英语，学习成绩一直很好。作为家中的独子，他是父母生活的中心，深受父母的疼爱。

他的父母都没有上过大学。20 世纪 50 年代电视开始普及的时候，他的父亲开了一家电视修理店，使全家人过着衣食无忧的生活。那时的格雷格还很小。他的母亲没有出去工作，而是在家做饭、缝补、种花种菜。他的父母根本不看重职业。

大学毕业后，格雷格本打算结婚，却因恋情失败而告吹。他看到校报刊登的一则广告，于是开始替人编辑论文和稿件，做起了自由职业。很快，他就喜欢上了自己安排工作时间的这种工作方式，不愿意为任何人打工。起初，为了积累客源，缴纳即将到期的费用，他低价揽客，但很快低价揽客就成了常态。

他先后住过 3 个不同的大学城，充分利用那里的图书馆、相对廉价的房租、不错的咖啡馆和剧场。财务自由从来就不是他优先考虑的事情：格雷格从来不渴望赚大钱，只要够付下个月的房租就行。因此，生意不好的时候，他不得不向朋友和父母借钱对付开销。

格雷格是消极的“随波逐流者”和“绝不冒险者”，最终陷入了财务困境。

## 把时间浪费在喜欢的事情上

你可能认为，逃避努力的自我设限的高潜能者肯定善于利用业余时间放松、娱乐，好好休息，获得身体、情感和艺术上的快乐。你错了！说到业余时间，自我设限的高潜能者往往会走极端：要么疯狂玩乐、熬夜，玩到精疲力竭；要么根本不活动，任由时间流逝。他们从不抽时间晒晒太阳、读本好书，或者去做以前答应自己要做的某件事情。

自我设限的高潜能者经常感到疲乏不堪，为了赶上工作进度，不得不占用业余时间。因此，他们的生活总是充满重复、单调的工作，缺乏梭罗所追求的节奏、雅致和简单的感觉。总之，自我设限的高潜能者几乎不会将宝贵的时间用于自己真正喜欢的事情上，他们渴望的是休息。他们没有得到放松，相反，他们自设藩篱，难以逃脱。

例如，格雷格经常觉得，他整天都在工作。房间的各个角落都在提醒他某件事情没有完成。他很少外出玩乐，因为总有事情需要他关注。偶尔，他也会反抗，丢下未完成的工作外出玩乐，但这只会让他更加痛苦，因为他整个周末都得闷闷不乐地埋头工作。

自我设限的高潜能者是古怪的享乐主义者。他们的快乐，往往限于杂乱无章的、几乎没有意义的“放松”。他们似乎与真正的快乐无缘，就如他们无法享有真正的成就。享受闲暇时光，需要空出时间、“保护”时间。保护闲暇时间，就需要先完成其他任务，这样就不会受到干扰、不会分心。要完成其他任务，就需要主动性、周密计划、合理安排以及充分利用现有时间。利用闲暇时间，享受闲暇时间，需要认真思考，考虑周全：你真正喜欢做什么？做多久？什么时候去做？先做什么，后做什么？这些决定，并不是苦差事——哪怕花一点儿时间想想自己要什么，也会为打发闲暇时间搭好舞台——但令人吃惊的是，自我设限的高潜能者不想花费时间做这件事，因此，他们往往随便将就着玩乐。

► 南希，39岁，单身，从事销售工作。她感到泄气，厌倦没有出差时的那种无所事事的感觉。她说，长时间出差后，她渴望放松，可是她发现，连续四五天待在家里观看租来的录影带、吃零食，这样的日子并不快乐。我问她打算怎么做，她变得有些兴奋，回答说：“我想，我可以搞个聚会，讨论电影或是别的事情。”

南希没有认真对待宝贵的闲暇时间，没有给予它应有的关注。她需要快乐和放松，而快乐和放松需要细心的关注才不会变成习惯性的、机械的模式。也许你也想看看自己是如何利用闲暇时光的，很可能，你只是沿用很早做出的、从未审视过的那些决定。

如果你觉得自己不应该放松、玩乐，因为有一大堆事情等着你去做，那你就错了。创造充满快乐的生活，也需要追求其他目标所需的那些技巧，而寻求带来满足感的快乐，就是学习这些技巧的不错的起点。如果你连快乐都找不到，怎么迎接那些艰巨的、令人讨厌的、复杂的挑战？这个周末，就做好计划，不管是否能完成所有的任务，都要享受周末。然后，采用安排周末的那些技巧，处理好眼下的任务，这样下周又可以好好享受完美的周末了。追求完美的闲暇时光，可以让你的生活更加美好。

你可能也熟知这些情况：时间太赶，别的什么事儿都做不了；哪怕是最简单的、可以改善状况的事情也不愿意做；觉得不太快乐；感觉快要失控；没有计划，盲目转圈；发呆，叹气；吃些毫无兴趣的东西；没完没了地苦干，却毫无进展……

这是生活吗？我认为不是。

成人生活中，不只有工作、财务和闲暇时光，还有人际关系，它同样需要培育、呵护、关爱和提升。

## 良好的人际关系，并不是没有冲突

对那些习惯于毫不费力、随波逐流的人来说，真正的人际关系中的要求，会让他们不习惯。建立友谊，需要的不只是社交联系、相处愉快、相谈甚欢、言语风趣和快乐分享。深厚的友谊需要长年经营，因为它关乎人性中的所有美好品质。

想让人际关系给自己带来发自内心的满足感，就需要智慧、真诚、诚实、自省、宽容、自制、耐心和时间，而这本身就不容易做到。同时，人际关系还存在着风险。自我设限的高潜能者往往是聚会中的中心人物，如我们所见，他们讨人喜欢，常常受人欢迎。但是，他们几乎没有真正的朋友，因为他们喜欢远离麻烦，避免被拒绝的尴尬瞬间。有些自我设限的高潜能者为了降低被人拒绝的风险，从来不邀请人，总是等着别人邀请自己。最终，人们渐渐地离他而去。亲密的伴侣关系，甚至要付出更多，如果你不学习人际关系所需的那些技巧，就会陷入困境。不过，同其他事情一样，投入精力总会得到回报。

▶ 辛迪，你前面见过的那位感觉自己陷入真实恋情的女士，发现自己成了“人际关系脆弱情感预防协会”的一员。为了避免可能出现的情感创伤和丢脸，她选择的办法是：不让自己陷进去。她需要控制自我的感觉。辛迪不想体验鼠妇虫被困住时的那种感受——仰面朝天，疯狂蹬腿，拼命地想翻过身来。她并没有学着表达自己，设定并尊重界限，达成妥协。相反，她选择淡化处理，与异性保持距离，制定出了非常高的择偶标准。她的新男友能够读懂她，也喜欢她，此时，她下意识地觉得自己暴露无遗了，失去了防卫的能力。于是，她打算先于男友提出分手。

说到淡化处理，如果能够真正地淡然处之，那也不一定就不好。

不过，如果事事都轻描淡写，就会淡化某些重要的事情，关系就会变得“清淡”，犹如仿制食品，毫无营养和美味可言。就如同道格淡然处理自己和女儿艾米的关系，关系变得“清淡”，就会将亲近感拒之门外。

不想起争执，不想交谈太沉重，这没什么不好。如果每次交谈都起争执，那这个关系就毫无意义。但是，良好关系的标志，并不只是没有冲突、纠纷。如果像辛迪那样“淡化”处理，漠然以对，就永远无法学会成为灵魂伴侣、拥有灵魂伴侣所需的那些技能。如果你认为良好的关系就是对对方置之不理、袖手旁观，那就失去了“复杂关系”的价值。例如，双方关系再亲密，偶尔也会吐露不满，听到不好听的话。我这样说，并不是指允许那种“一吐为快”式的冲突存在——这通常只是缺乏沟通技巧的宣泄愤怒而已。真正的友谊需要圆融，但是圆融很难学会。然而，因为希望关系融洽，就逃避那些不愉快的事情，这是自我挫败的行为。每次你都默默忍受，不愿倾听对方诉说，你们的关系就会加速终结。你对对方失去了耐心，对他的情感也变淡了，你们之间就产生裂痕了。这就好比你往水里投毒，然后却抱怨里面的鱼怎么死了。

有些情况下，你最好保留自己的批评意见，因为它不会有任何建设性的作用。要获得真正紧密的关系，就要善加区分，完善技能。同客户或上司沟通某件微妙的事情，如果你想得到理想的结果，最好提前想好要说些什么。至于亲密的关系，不要希望只靠感情或相互吸引的力量就能解决问题。这种想法无疑会导致失败，因为等到必须解决问题时，感情已经变淡，爱的火焰已经熄灭。不要无谓地利用自己的魅力，感情和魅力很强大，但也很脆弱，不善加利用，它们就会耗尽。

对于感情，自我设限的高潜能者往往有两种自我防卫、自我限制的姿态：坚定的现实主义和极端的浪漫主义，两者往往互为伪装。现实主义者对浪漫嗤之以鼻，从实用和功用的角度看待感情；浪漫主义者则寻求令人陶醉的、有意义的关系，设置一些让对方无法通过的考验。这两种人都害怕落入陷阱、受到伤害，都筑起高墙，没有将对方当作真实的人甚至朋友加以珍视。除了现实主义者和浪漫主义者，还有下面这些“亚型姿态”的人，他们都不想为真正能带来满足感的情感关系付出，因而降低了感情投入度。你会发现，这些情感类型，同前面那些工作态度类型具有明显的相似之处。

**感情漂流型**（Relationship Coasters）：这种人不但避免无谓的付出，还会逃避必要的努力，比如谈论难题，清楚表达自己的意思。“感情漂流者”会假装一切都好，因而感情尚未培养就被削弱。然后，他们盯着所有不好之处，决定该分手离开了。他们进入一段感情，是出于方便，或只是因为激情。

**单轨恋人型**（One-Track Lovers）：“单轨恋人”会降低个人投入度，单纯追求性的投入而不必相互吸引、不必付出个人感情，以便最后分手时不会那么痛苦。

**逃避感情型**（Hiders）：为了逃避亲密关系，这种人会寻找挡箭牌，比如要养孩子、目前有交往对象或者有其他责任，因而无法全身心投入感情。

**角色扮演型**（Role Players）：为了阻止别人接近自己，他们会戴上令人不快的人格面具，比如情场高手、大男人、暴怒女、受害者。

**跳感情房子游戏型**（Relationship Hopscotchers）：这种人会从一段感情跳到另一段感情，在每段感情中，他们都会向自己认为的最终的理想恋人做出承诺——通常是结婚承诺。不可避免的是，他们会感到失望，此时，他们想到的解决办法是重新找个恋人。然后，他们认为自己做出了正确的选择，准备建立长期的感情关系。

**感情冲浪型**（Relationship Surfers）：这种人喜欢直截了当地投入情感，不喜欢长期地纠缠。他们羡慕恋爱舞台，但似乎只能到此为止，无法成功地进一步发展关系。他们鄙视关于浪漫的庸俗做法，往往不会结婚。

**床单冲浪型**（Sheets Surfers）：这种人把性追求当作运动和冒险，喜欢"一夜情"，不是为了性本身，而是为了追求快感。那些想证明自己的性吸引力、喜欢冒险体验快感的人，通常是"床单冲浪型"。

**感情冲动型**（Plungers）：他们会冲动地冒险投入感情，比如，相识数月后就闪婚、私奔或做出其他戏剧性举动。

**宁缺毋滥型**（Perfect-or-Nothings）：他们会放弃本来很有希望的感情关系，去无休止地寻找白马王子或理想女人。

随着成人生活不断推进，自我设限的高潜能者因为其行为带来的严重后果，无法为平凡生活做好准备，最终，他们会面临各种问题，自我怀疑，悔恨不已。

## 不要向"悔恨"低头

他内心的痛苦，源于那天晚上。望着熟睡中的格拉西姆，望着他那漂亮的面庞、突起的颧骨，他突然想到一个问题："如果我这辈子压根儿就是个错误呢？"他想到，以前似乎绝无可能的事情——他不应该如此度过此生——如今却显得那样真实。他想到，他曾有过难以察觉的举动，抗拒达官贵人们所认为的善；他曾有过难以察觉的冲动，但立刻就抑制了，如今这些似乎才是真实的，其他一切都是虚假的。他的公职，他的生活安排，他家人的安排，他所有的社交和工作兴趣，似乎都是虚假的。他想为这一切辩护，却突然感觉自己的辩护那么苍白无力。一切都无可辩驳。"如果真是这样，"他自言自语道，"如果离开人世时，我意识到自己丢失了上天恩赐给我的一切，已无法补救，那怎么办呢？"

托尔斯泰在《伊凡·伊里奇之死》结尾处写下的这段文字，抓住了直面自我的瞬间：时间已荒废，没有过上应该过的生活。这种意识带来的感受，说是"悔恨"，可能远远不够。此生已虚度，一事无成，昏昏沉睡，错误的举动，安于平庸，远未实现自我价值——想到这些，让人痛苦万分。如果你清楚自己会怎么样，觉得自己能够加以改变却没有采取行动，那就另当别论了。

要小心"悔恨"，它很难对付。要从悔恨中学习，但不要沉溺其中。如果不小心，你会做出疯狂而错误的举动，去弥补失去的时间。你会从最奇怪的角度、最远的距离投掷"豆袋"。或者想到自己犯下了无法补救的错误，你会自我坍缩，无法动弹。"自我怀疑者 / 自我攻击者"常常会重重地摔倒在此。

▶ 德瑞克，那个面临新挑战时放弃咨询公司职位的人，他的人生慢慢收缩，最终完全停滞。虽然他不是追逐快活、自我放纵、不计后果的浪子，但他觉得自己已经堕落了。他已经无法回头，感觉眼前一片黑暗。他已无能为力，只能看着自己走向毁灭。

他自暴自弃，消极懒散。由于缺乏锻炼，他的肚子变得松软。他不再约会，认为女性肯定会觉察到他的落魄，认为他不够性感。他好几个月都没有读过一本书或是听过一首古典乐曲，他开始观看深夜档《一夜暴富》电视宣传片。

不再将自己的现状归咎于环境、坏运气或他人，你就会进步。到了目前这般境地，你要认清自身的错误。但是，自我攻击不同于为自己的错误承担责任。自我攻击其实是逃避深入反思、冷静承认自己所犯错误的一种方式。因为错误而攻击自己，你就无法理性地做出自我评价。如果你责备自己天生就有缺陷、一无是处，你就会沉溺于这样的观念：改变是不可能的，我无可救药。这些都是错误的想法，是毫无益处的“逃生通道”。

也许你想不犯错误就能从中学习，但这是做不到的。不要将自我惩罚当作逃避反思错误、改变做法的方式。如果你不同情自己，就只会将过去的错误带到现实中，使现在和未来变得更糟糕。你必须反击悔恨，否则，悔恨就会摧毁你。如果你不向悔恨低头，而是能认清自己的错误，你就会化危为安。

▶ 珍妮弗，42岁。她说：“我开始讨厌自己，讨厌照镜子。我讨厌自己杂乱无章，讨厌自己的车，讨厌自己的公寓，讨厌自己的衣服，讨厌自己没读完的书，讨厌自己假装不在乎，讨厌自己说过要改变却没有实现的承诺。我更讨厌自己是个懦夫，什么都不敢做。”

有些自我设限的高潜能者，会自我隔离、自我调适，安于平庸。出现危机，要乐于接受，并善用危机。珍妮弗就将危机变成了改变自己的动力。跌到人生谷底，要么认清自我、接受使命，要么自我沉沦、顾影自怜、自我麻木。我建议你选择前者。

不要等到临死之时才惊觉：“天啊，我的一生就这样过了。”你是自己人生的守门人，每天你都在决定是否换个活法儿。

# 第二部分

# 你想要的改变

# 第4章

# 改变不易，但有可能

我们必须坚定地摆脱两种癫狂状态：认为自己无所不能；认为自己一无所能。

——阿兰《论幸福》

如果改变很容易，写作本书就没有必要。如果改变不可能，写作本书就没有意义。全身心投入梦想——真正值得追求的梦想——是成功方程式的基本要素。主宰自己的人生，不断取得更大的成就，你将收获超凡的快乐。可是，如何实现这个目标呢?

你可能觉得，你已经不知不觉中进入死胡同。你可能不想再拖延，想一劳永逸地改变人生方向，但不断遭受挫折。习惯，尤其是那些根深蒂固的习惯，谁也无法“动动手腕”就能轻易改变。改变习惯需要持续努力，这就是困难所在。如果“动动手腕”就是你的全部“魔法”，那你肯定会失败。原先阻止你发挥潜能的那些因素，也会阻止你改变。那是不是就毫无希望了呢？完全不是。其实，你只是不熟悉某些知识和技巧，这正是本书第二部分要讲的主题。

然而，更为困难的不是掌握有关改变的那些实际步骤和技巧，而是如何认识“改变”这个抽象概念。如果你抗拒“改变”这个想法，认为老狗学不了新把式，认为人从根本上无法真正做出改变，那你就永远无法改变。

如果你希望改变，但又怀疑改变是否真的会发生，你能否有意识地控制改变，那就请你继续阅读本书。你可能只是不太清楚改变的可能性，不知道改变所需的技巧。其实，有些方法很简单、有效。然而，关于改变过程以及改变所需的条件，存在着大量的错误观念。有些人认为，改变需要某种启发，就算不需要宗教导师的指导，至少也要接受心理治疗。还有些人提出，只需将改变可视化，改变就会发生。在本章中，我将明确而清楚地描述改变过程，以及我们能改变什么、不能改变什么、能从改变中获得什么益处。

要想改变，你必须接受这个观念：改变是可能的。为了帮助你接受这个观念，我先来剖析有关改变的问题、神话和错误信息。

## 改变的困难

刚搬到巴黎的时候，我改掉了原来无意中养成的让我觉得舒适的诸多习惯，度过了一段充满新奇但又恼人的时光。在那里，我感到很难适应，常常无法与别人同步。我不喜欢这样的感觉，想尽快摆脱掉。我常常放慢脚步来适应这样的生活，但情况更加糟糕。

所有的改变都是如此。不管我们最初认为改变是否对我们有利、是否有必要、是不是我们所喜欢的，我们都会无意识地抗拒改变。精神病学家米尔顿·埃里克森（Milton Erickson）说过，人们来接受心理治疗，是因为他们想改变，但他们只想按自己的方式改变——而阻止改变的，正是他们的这些方式。

丹麦作家卡尔·盖勒鲁普的诺贝尔文学奖获奖小说《朝圣者卡玛尼塔》中，主人公卡玛尼塔想要改变自己的人生，他踏上寻找佛陀的朝圣之旅，希望得到点化，获得圆满人生。旅途中的一个晚上，卡玛尼塔被迫与一位和尚同住旅馆的一个房间。听闻他的此番目的，和尚给他讲解了许多佛教教义，但他认为都是胡说。卡玛尼塔为和尚的“无知”感到不快和愤怒，第二天一早就重新踏上了朝圣之旅，还为摆脱了这个讨厌的“坏蛋”而暗自庆幸——殊不知，当晚他遇到的那个人就是佛陀。

接受任何新事物，你不可避免地会带有先入之见。面对新的信息，你会选择逃避。就像是你习惯了黑暗，突然有了光明，你会眯起眼睛以避免强光引起的不适，或者闭上眼睛转头回到舒适的、熟悉的黑暗之中。你未经思考，毫无准备，就猛然“扎入”新事物中，就像往旧酒囊中倒入新酒，只会弄破酒囊，酒会漏出来。

如果不做好准备、不敞开胸怀、不愿意接纳新事物、不密切关注新事物，即使你努力改变，效果也会大打折扣。缺乏准备，你只会得到糟糕的结果。就像木匠，自己测量不准，却怪工具不好。

要想改变，你必须采取行动。出了差错，却怪罪于外在因素，这样只会让你停滞不前。要想改变，你必须亲力亲为。如果你认为自己不需要也不想承担那么多责任，那你就无法改变自己。

如果改变会威胁自我观念，那你肯定会抗拒改变。普莱斯考特・莱基在其《自我同一性理论》中指出，人们更喜欢保持自我观念的一致性，即使改变是有益的，也不愿意改变[1]。如我们所见，自我观念居于现实感的核心位置，是统合现实的黏合剂。

你认为，你绝对了解自己，你觉得自己知道应该有怎样的行为、知道什么是可能的。其实，你知道的，是你习惯性认为的东西，是你一贯的行为方式。长期以来，警探们一直依靠人类行为的这种一贯性和持续性来破案。你有特定的“犯罪手法”，而且很少发生大的变化。你用同样的方式系鞋带；总是同一只脚先迈入浴缸或浴室；遇到同一件事或同一个人，会有同样的想法和感觉；重复同样的“作案手法”。[2]

想要改变，说明你厌倦了自己的“弊病”，但你却不知它们妨碍了你寻求“解药”。同卡玛尼塔一样，你会依照已有的观念和偏见，去寻求解决问题的办法。你会寻求某种方便的、有利的方法。苏菲派里有一个故事：纳斯鲁丁的钥匙丢了，去路灯下寻找，不是因为他的钥匙丢在了那里，而是因为那里很亮。要改变，你就必须把先人之见放在一旁，去接受新的、有时甚至让人惊诧的可能性。

▶ 卡莉，结束“极限潜能计划”6个月后回来进行跟进随访，她说，她没想到自己有了很大的改变。她是一位自由创意摄影师，但受不了生意上的那些繁文缛节，因而事业受到很大限制。她经常想到很好的点子，但她的成本预算报告不是没有写完，就是很晚才提交。她学会如何处理繁文缛节后，原本普通平常的摄影项目也变得很有吸引力。

如果你想改变，就不要去寻求深夜专题电视节目中所宣传的那些速成计划。如果改变那么容易，你早就改变了。你要知道，改变需要的不仅是这些。

## 揭开改变的秘密

下面列出的，是有关改变的“幕后真相”。理解我所说的指南，并照此行动，你就能改变自己，而且效率会很高。[3]

如果你选择改变，那么，遵照下面这些指南，你就不会浪费时间走向死胡同，或者放弃本来很有希望成功的改变行动。为了提升效率，增加成功的必然性，请认真理解并接纳这些理念。

■**有选择性地专注努力，改变会更加容易**。想要同时进行多项改变，无异于“死亡之吻”，注定失败。不要不自量力。你不可能一下子就全盘改变，毕竟人的精力有限。我会给你提供一个如何着手改变的基本模式，告诉你从何处努力，才能获得最佳的效果。要谦虚，要讲究方法。同时设定太多的目标，如同从屋子的另一端投掷豆袋，是典型的自我挫败行为。

■**想要改变，你必须保持长远眼光**。速度固然重要，但并非关键所在。初期结果令人兴奋，并不意味着你走对了路。同样地，初期结果令人失望，也不意味着你就走错了路。保持长远眼光，你就会持之以恒，全身心投入持久性的改变。不要寻求速战速决（如同速效减肥），相反地，要永久地修正那些具体的、重要的、关键的生活方面。这样的修正需要时间和努力，虽然不会像你想象中那么容易，但你肯定能做到。短期、剧烈地节食减肥，然后恢复固有的饮食习惯，这种方法注定会使减肥失败。旧的饮食习惯会让你长胖，如果不加以改变，再次长胖就毫不奇怪。

强调速度，你就容易忽略关键步骤，无法长期坚持。减肥成功并保持不反弹的人，是因为他们改变了饮食方式，而且做了其他改变，比如增加运动量。所谓改变，是指行为方式的持久性变化。

■**改变需要坚持，哪怕你的努力没有获得明显效果，反而让你感到混乱、麻烦和苦恼，也要坚持不懈**。改变需要时间，初期的效果往往令人不快。就是因为不明白、不接受这一点，许多改变的尝试才以失败告终。改变需要我们调整潜意识层面“运行”的现有思维和习惯体系，因此想要“篡改”它，你必须付出代价，忍受暂时的痛苦。

■**混乱和挫折，证明你正在改变**。你必须充分理解这一点。很多人凭借运气、建议和理性，以为自己踏上了通往成功改变的道路，却不知道：初期的混乱恰恰表明改变正在发生。他们不知道初期的混乱会随着时间推移而减弱，因而大失所望。改变需要替换惯常的行为方式，而新的行为方式在习惯之前往往会让人感到烦恼。理解了这一点，面对让人气馁的挑战，你就会坚持下去。

■**你无法改变过去**。如果你的人生一向平庸，你无法回到过去加以修正，那也没有关系。你过去某个时刻没有学会、没有做的事情，现在可以学习、可以做。就从此刻开始，改变你的人生故事的走向。

■**不管是过去、现在还是将来，问题都不在于你是谁，而在于你选择做什么**。某些习惯性行为会让你的成功发生“短路”。知道自己能够选择新的行为方式并采取行动，改变就会开始。

■**改变需要全身心投入，思考、准备、行动，然后保持**。形成新的习惯之前，你需要为改变付出很多，不过，这是一项有价值的投资。因为如果安于现状，你就会付出意想不到的高昂代价。

■**改变不会自己发生，你必须让它发生**。改变源自努力。坐等改变自动到来，坐等环境自发改变，你就只能永远等下去。坐等幸运之神的眷顾，这不是改变的方法。幸运之神已经眷顾了你，让你拥有了天赋，而等待只会拖延改变的时间。

■**改变是一个学习的过程：你得学会换种方式行事**。你的一生都在学习、改变，这并不新鲜、复杂、艰难，而且，你一向学得很快。

■**失败于学习而言是必要的**。学习的时候，你应该大胆尝试，从错误中学习，逐渐磨炼自己的技能。

▶ 克拉丽斯，40岁。8岁的时候，她非常想要一双溜冰鞋，这样就可以和朋友们一起去她家附近的池塘上滑冰了。起初，她的父母不同意给她买，说滑冰很危险。不过，她坚持要买，终于，作为圣诞礼物，她得到了溜冰鞋。

克拉丽斯第一次穿上溜冰鞋想出去试试，她的父母坚持要陪她。他们陪着她，每人搀着她的一只胳膊，防止她摔倒。接下来的3个星期里，每次出去滑冰，父母都这样陪着她。3个星期后，她没有任何进步，失去了兴趣，再也没有穿过溜冰鞋。

克拉丽斯没有摔倒，但也没学会滑冰。

大胆尝试。瞄准正确的方向，看看自己哪里有偏差、差了多少，然后重新瞄准目标。要想学习，就必须忍受笨拙、忍受失败。你无须从头探索改变方法，可以利用现有的知识来做出改变。不过，你还是会犯错，因此要心平气和地接纳错误。

■**改变不是均衡的**。改变的进程是不规则的，步调并不总是一致。有时你进展较快，有时你进展较慢。好比蝴蝶的生命循环，有些东西暂时不会显现出来。

■**改变会不断遭受挫折**。挫折不但是改变过程中的一部分，往往还证明了改变正在发生。离开习惯旧辙，开辟新的道路，肯定会碰到障碍。即使改变进展顺利，偶尔你也会有比较熟悉的固有行为，或者进入平台期、迷失航向、向后退缩，因而不得不重新“矫正”自己。不要担忧，也不必痛苦。挫折就像学习滑冰时摔倒一样常见，你把挫折当成大事儿，它就变成了大事儿，你就有了放弃改变的合理理由。

当然，挫折也令人不快，还会浪费时间，因此，要尽你所能地避免受挫。你无法控制一切，但你可以控制自己的反应。期待的帮助没有到来，障碍不期而至，此时，请保持平和的心态（噢，挫折来了——真有意思），继续前行。要了解挫折，研究避免挫折的办法，但不要无谓地浪费时间。

■**同时进行太多的改变，只会适得其反**。如前所述，人的注意力是有限的。同时关注太多的改变，你的注意力就会分散。最好将注意力和精力集中在一两种改变上，不要太过贪心，企望一个星期就改变一切。同时进行多种改变，你会感到精疲力竭，注定会失败。

■**可控地、渐进地改变，效果最好**。渐进地改变，可以让你调试新的技能。最好从少量地、可控地调整日常习惯开始，这样你就可以看见明确的进展。有些步骤具有很大的影响力——它们能带来杠杆效应，影响其他的一切。这些步骤可以让你有效地利用时间和精力。你应该选择能影响全局的简单易行的改变——这也是我将在第 6 章和第 7 章中介绍的“15 项任务”的关键所在。

■**制订周密的计划，改变才会顺利推进**。选择做什么，选择何时做，这是至关重要的。方法不当，漫无目标，就不会有效率和效果。仔细思考要改变什么，认真选择改变方法。花时间制订计划，会带来回报，改变会更快。选择先改变什么，会影响接下来的改变。

深思熟虑，不要仓促行事，就能更快地达到目标。改变，从计划开始。

■**改变具有叠加效应。**精心选择第一个改变，下一个改变就更加容易。有了初始的改变，你就跨过了改变的门槛。跨过了门槛，你就降低了门槛，下次就更容易跨过了。掌握了必要的基本技能，培养复杂的技能就会容易许多。

因此，积极的改变具有两大效果：随着改变不断进行，你也学会了改变的方法；随着成功经验的不断积累，你也建立了做出更多改变的信心。

下面这些问题，是人们最常问到的问题。

■**重大的改变真的会发生吗？**有些人几乎不会改变。他们固守常规，喜欢连贯性和安定感。然而，也有很多人的确做出了重大的改变。他们中有的减肥成功，有的戒烟成功，有的换了工作，有的练起了单簧管，还有从未跳过舞的人学会了萨尔萨舞。这两种人的区别在于态度不同。愿意改变的人，不会质疑改变是否会发生，也不会寻找不改变的借口。相反，他们下定决心要做出改变，并采取一切必要的行动来改变自己。改变（往往需要坚定的决心）成为他们的优先目标。而有些人没有改变，不是因为不可能改变，而是因为他们限制了改变的可能性。自我挫败的习惯，与人们成功改变的其他习惯，并无任何不同。

■**改变不需要某些个人品质吗？**作为人类，我们都具备改变所需的所有品质，否则，人类早就灭亡了。人类具有很强的适应性，而且，自我设限的高潜能者的适应能力往往比大多数人更强。人们会因事情发生变化而调整行程，会预约时间，会设定日期，会遵守诺言，不会忘记自己要做的事。这些都是改变所需的技能，但你必须连贯、合理地使用。你拥有改变所需的能力和力量，你需要做的，只是决定发挥它们。

■**改变自我设限模式，不需要特别的洞察力或彻底改变我的人格吗？**改变自我设限模式，不需要任何花哨的东西。它不能靠顿悟，也不用改变人格，相反地，改变是从不太起眼的、极为平常的事情开始的。改变源自观察和发展新的技能，就是你要用那些建构自己的世界、使自己走向独立的“工具”来做出改变。你应该观察限制自己成功的那些习惯，然后用新的习惯替代它。你取得进步，不是通过改变自己的人格达到的，而是通过改变自己的行为方式达到的。

■**改变不需要自我激励和积极情绪吗？**等到心情舒畅时才改变，就会无谓地拖延改变的时间，励志演讲激发的激情，很快就会消散。你更需要的，不是好的心境，而是改变的技能。此外，采取行动，心境就会随之转变。不管你先前的心境如何，做些让自己高兴的事情，这是最快速的让你快乐的方式。等待心情好起来再去改变，这只是拖延的方式。很多事情都会影响情绪，要积极地转变情绪，学会掌控情绪。如果你指望改变会永远带来积极的情绪，那你就要失望了。不过，大多数时候，最佳的生活方式是提升快乐的坚实基础。

■**我必须接受心理治疗才能改变吗？**心理治疗是个好东西，自我认知也有很大的益处。但如果有深刻的自我认知，无须心理分析和心理治疗，你也可以改变自我设限习惯。不过，你必须敏锐识别、仔细观察自己的自我挫败、自我设限的习惯。如果你需要别人帮助你发现自我限制模式，那么心理治疗就是一个很有用的工具。

我也见过有些人把心理治疗当作拖延改变的借口，他们说："我得完成所有的治疗后才能改变。"接受治疗，不应当成为你不想改变自我设限习惯的借口。

■**我的不良习惯不会妨碍我改变吗？**不良习惯已经妨碍了你成功。放任不良习惯，改变进程就会受到阻碍。为了改变，你常常必须沿用那些曾经阻碍你的典型习性，但要换种方式。例如，如果你一向固执，那就要注意：某种情形下是固执，在另一种情形下就是执着。如果你无法容忍挫折，那就不要容忍自己"无法容忍挫折"。如果你总是玩"跳房子游戏"，那就要明白：有时候你最好从头开始，而不是死守某种无效的策略，你应该抛弃无效的做法，不要希望结果会不同。换个角度看待这些习性，你就会看到更多的可能性。

深入思考，你就会发现，所有的习性都有利有弊。从不良习惯中发现积极的方面，你就能获得更多的改变动力，更友善地评价自己。思考方式更灵活，你就能摆脱传统观念的限制。你不是完全受习性的左右，无须成为自己过往的牺牲品。不要只想着有利，要努力从看似不利中发现有利。

■**对于讨厌麻烦的人，改变不是太过麻烦吗？**改变需要认真和努力。矛盾的是，走捷径、半途而废、生活平庸，会花费更多的时间和精力，因为你要补救粗心犯下的错误，要解释自己为何不想努力、为何成就平平。现在投入一点儿精力和时间，从长远看，会节省很多力气。你必须持续努力，养成新的习惯，这样就可以省去更多的麻烦，生活会更轻松，你就可以将宝贵的时间用于追求新的生活目标。

■**有些东西，有些人是否真的无法改变？**这个问题，与前面的那个问题有关——改变需要什么？没错，有些东西，你是无法改变的，比如，无论怎样拼命舞动手臂，你也无法飞起来。但更为常见的是：你认为自己无法做到的，其实是你从未做过。碰到需要去做但此前从未做过的事情，你就会用过去的经历证明自己无法做这件事情。

这种推论是不合逻辑的。你现在所做的许多事情，在过去某个时刻你也从未做过，也曾认为自己无法做到。虽然有才华、熟悉会使有些事情更容易做到，但是，你可以将改变分解成独立的、可控的步骤，不断重复，直到熟练掌握。

■**我错过了某些机会，现在从头开始是否太晚？**我们每个人都曾错过重大的机会。你认为现在太晚，只是在拿自己和更早做出选择的其他人进行比较。这样一来，你就会落入悔恨的陷阱，忽略现有的机会。过去不会重来，也无法改变，好在你还拥有现在，所以你必须决定如何把握现在。

你可以寻找机会，也可以主动创造机会。你不必认定，某个时刻没有选择某条道路，你就错过了唯一的机会。人的一生，不是只有一次选择。认为自己错失机会，其实只是在为现在的无所作为寻找借口。

■**如果我懒得改变或意志力不够坚定呢？**认为自己懒惰、缺乏意志力，你就会成为这样的人。亨利·福特说过："认为自己能，或者认为自己不能，你都是对的。"他说得没错。懒惰是一种习惯，是你养成的行为方式。如果你认为懒惰是"遗传"特质，那它就无法改变。意志力也是一种可以学会的技能。

即使有了上述信息，你努力改变，却仍然失败，怎么办？我们再来看看"害怕失败"——这个造成众多无谓的失败、导致你错失众多机会的原因。

## 不去尝试，就已经失败了

凡事躲避风险，就会彻底失败。

有这样一个寓言故事：财主有 3 个管家，负责掌管其数量不等的财产。临行之前，财主给了一位管家 5 塔兰特（"talent"，古希伯来货币单位，也可理解为"才华"），另一位管家 2 塔兰特，第三位管家 1 塔兰特。前两位管家将金钱用于投资，财主回来时，他们掌管的金钱都翻了倍。财主夸赞他们，还给予他们重奖。

而第三位管家害怕投资失误，将得到的金钱埋入地下。财主立刻做出反应：他训斥第三位管家胆小懦弱、不够忠诚，当场解雇了他。

不去尝试，就已经失败了；只有尝试了，才可能成功。才华本身并没有什么意义，只有发挥出来，才能成为达到目的的工具。将这个工具"藏"起来不用，就是"不忠"的行为。那位不够忠诚的管家，不敢承担风险，没有做出明智的决定，辜负了财主的信任。他的短视之举固然减轻了自己的不安，却失去了原本应得的财主的奖赏。他不但辜负了财主，也辜负了自己。

很显然，财主不赞同有“财”却无所作为。如果你有“才”却无所作为，也是对自己不够忠诚。

奥地利诗人莱纳·马利亚·里尔克整个文学生涯都在努力创作，对那些凡事都走捷径的人，他有话要说：“人们习惯于寻求简单的解决办法，寻求捷径中的捷径，但很显然，我们必须迎难而上。所有生命都不惧困难，自然界的万事万物都在自发生长、自我防卫，都在自发地成为独特的自己，它们为此不惜代价，不惧任何阻力。”

许多自我设限的高潜能者，年轻时希望掌控自己的生活，长大成人后却极力逃避责任。往往在某个紧要关头，他们选择逃跑，害怕犯下德瑞克那样的大错，无力自拔。

事实上，精彩人生的标志，就是一个个的失败。没什么可悲伤、可逃避的。迈向真正的人生旅途，你必须接受这个现实。只有承担风险、经历失败，你才会得到足够的经验，学会如何生活。学习和改变，都需要失败。如果你轻而易举就取得了成就，从没失败过，要么就是你的理想不够远大，要么就是你囿于熟悉的地盘。如果你的首要目标是避免失败，你就限制了自己前行的距离。

每天，甚至每时每刻，你都在书写自己的人生传记。不考虑风险，就无法生存，但只考虑逃避风险，就会失去机会。

还记得克拉丽斯吗？她尝试滑冰的时候，父母坚持要搀扶着她的胳膊。然而，她需要摔倒——她需要失败。困难的、值得的新尝试，都不可能一试就成功。克拉丽斯缺乏摔倒的经历，因而没有取得进步。换作是你，也是如此。自我设限的高潜能者在思想上会同意这个观点——生活包含失败的风险，失败是生活的正常部分——但自己绝不是这样。他们并不知道自己渴望逃避失败。逃避失败，你就会放弃努力，你的才华就无从施展。假以时日，你就会怀疑自己的能力，你的自我形象就会改变——不管你如何逃避、如何寻找借口，你在他人眼中的形象都必然会改变。

作为对“害怕失败”的回应，自我设限的高潜能者会寻求有严重缺陷的解决办法。所有的选择都是在权衡利弊后做出的，都有得有失，但自我设限的高潜能者做出那些选择后，只是暂时得到了很小的满足，损失却非常惨重。

事实上，失败恰恰是你所需要的。你必须尽可能地习惯于这种思维方式。为了寻找电灯丝，爱迪生有组织地试验过 16000 多种材料。失败 16000 多次后，他才获得了成功。要学会把失败视为发掘成功的“矿藏”，因为失败比快速成功含有更为丰富的信息。

凯瑟琳·巴特勒·海瑟薇（Katherine Butler Hathaway）[4] 非常勇敢，她的著作《小锁匠》（*The Little Locksmith*）非常值得一读。52 岁临去世之前，她写道：“我无法否认，也无法欺骗自己，我的人生是失败的人生，和大多数人一样，充满着一连串的失败……但这没有什么，每个人都这样，失败是伟大的人生经历。”

读到这句话，不要以为她是顾影自怜、后悔不堪，看看她还说过什么：“比大多数人幸运的是，那个经历磨炼、有教养的人，她勇敢、顽强，藐视自满、惰性和他人的看法，聆听自己命运独特、新奇、充满活力的声音，总是在关键时刻大声告诉自己坚持下去。”

海瑟薇的人生之旅充满风险、迷失和痛苦。从 5 岁到 15 岁，她都因身患肺结核而卧病在床，疾病侵入骨髓后，造成终身残疾。她的身高只相当于10岁孩子的身高。然而，她下定决心要让自己的人生更有价值，后来，她实现了诺言，成了艺术家，全身心地投入到生活和爱情中。

她获得这样的成就，并非一帆风顺。她总是将遭受的失败当作成长的“燃料”。同她相比，你的困难可能要小得多。

其实，人的一生都会碰到各种困难。对抗“害怕失败”，唯一的办法就是勇敢面对。改变了成败观念，对失败的恐惧就会消散。自我设限的高潜能者往往认为成功就是出类拔萃。其实，你经历的唯一真正的失败，就是不愿意开始，而没有做到最好，只不过是一种“进度报告”。你应该坚持不懈地追求内心的目标，无论成功与否，都值得去做。真正的人生成就，是全力以赴，而不是畏缩不前。

改变了失败观念，你对错误就会有不同的理解。犯错误是你远离舒适区、学习新技能的一个重要环节。要学会骑自行车，就必然会经历摔倒这件事——摔倒是学习过程的一部分。如果没有经历过失败，说明你把“横杆”降得太低，那么，你的人生就是直接站在小丑面前投掷豆袋，确保自己不犯任何错误，但也失去了冒险的乐趣。

知道这个抽象概念，不等于实干和犯错本身。只有通过亲自犯错，你才会将这个概念变成可靠的原则。不要畏缩不前——不冒任何风险，却高高在上、批评他人——要大胆闯荡，敢于犯错。这样，你就能获得真正可靠的生活知识，知道什么最适合自己。

知道什么适合自己，就会形成选择的指导框架，就不会再做出随机的、即兴的选择。这样的话，你的行为就有了“脉络”——你的个人“地图”，你就会获得自由。

不断积累成功经验，你就会建立起应对恐惧挑战的“业绩记录”，这反过来又会增强你的自信心。实践，提升技能，再加上你的天赋和才华，就为你获得真正的成就奠定了基础。

关于做决定，海瑟薇是这样说的：“我会分类整理各种理由，看看哪些属于恐惧、哪些属于突破，如果其他条件相同，我的决定就会站在突破理由一边。我认为，这必须成为一条法则，好比黄水仙和番红花要突破湿冷的泥土才能冒出来。”

经验会教你什么情况下暂时止步，重新评估，然后再次出发。你要学会如何辨别死胡同和机会，这样就可以提升信心和效率，不会因不可避免的挫折做出过度的反应。

“我认为，每个人都应该勇敢地、积极地追求属于自己的幸福。”海瑟薇说，“我不幸被剥夺了常人所认为的幸福所需的那些条件，因此，我必须绞尽脑汁战胜命运，‘无中生有’。”

## 改变，掌控人生的开始

任何新的开始，即使你做了准备或是有了梦想，要度过尴尬和不安，也绝非易事。然而，如何看待改变令人不快的方面，却是战胜不安的必备要素。

看看我在巴黎的经历吧。刚到巴黎的时候，我不会法语，而且之前也从未在法国生活过。因此，我总是不断地碰到各种烦心事和日常冲突，需要应对各种最为普通的事务。在便利店，我不知道，蔬菜在结账前，要先自己称重并给塑料购物袋贴上价签。前去付款时，排在我后面的人开始挪动脚步、清着嗓子，而我不得不将未称重、未贴价签的蔬菜放回蔬菜区，然后重新开始，同时接受着前面传来的大声的、急速的法语指令。

“蔬菜风波”之后的几天时间里，我注意到它的后果：我专挑街边菜市买菜，因为在这里我不必自己称重，也不用贴价签。（当然，街边菜市也有规则：你不能自己挑选果蔬放入袋子里。有人替你挑选，你只能相信他的技术和善意，会把最好的挑给你。）后来，我强迫自己返回便利店，重复那些“异域”的购物方式，把蔬菜放上电子天平，按下带有蔬菜图片和名字（你知道是哪种语言）的按钮，扯下天平一旁小槽里咔嗒作响地弹出的价签，然后贴在塑料购物袋上。直到此刻，我才体会到了一丝成就感——短暂而微弱，但我有了一个融入巴黎生活的入口。为了自己的梦想，我做了很多引发改变的事情。它们很费心力，令人不快，很是麻烦。我有过无能感吗？是的。值得吗？是的。因为交完必要的“学费”后，我体验到了掌控自我的感觉。

那些不注重这种变化的人，会为此付出代价；那些希望改变过程本身同改变结果一样美好的人，很快就会发现自己犹如汽车后视镜里的草地阴影，慢慢地向后退去。没错，待在原地不动、保持原样，你可以避开麻烦，可是逃避麻烦就是不愿改变。

是否愿意为改变付出代价，做出这个决定时，你必须考虑会得到什么样的回报。许多人并未走到这一步，有些人瞅了一眼，就认定不值得付出代价。然而，他们会为以前做出的但从未审视过的选择付出隐性代价——这些选择，他们要么默认，要么未经深思熟虑，却一直坚持不改。待在舒适区内，他们会付出失去机会和经历的代价。

历经40年的艰辛跋涉，摩西终于接近了“应许之地”迦南，他派出探子前去打探，看看有何问题和回报。有些探子回来后，对这块土地的富庶和物产大加赞赏。他们急切地想立即前往，去了之后再看有无问题。而其他探子担心那里有巨人和其他可能无法克服的困难。他们打算停止前进，先做进一步的“可行性研究”。这两种观点都有道理，但都不完全正确。

作为一个总是梦想遍游世界、见证一切、不想错过任何东西的人，我逐渐接受了这样的现实（虽然难免感到一丝失望）：你不能同时身处两地。你不能停在沙漠，同时又不错过河流对面可能发生的事情。你不能住在“应许之地”，既享受它带来的好处，又想避免它的弊端。你不能既想改变，又不想经历某些不快——甚至是大麻烦。

你要像我买蔬菜那样，战胜不快经历引起的负面影响，为了梦想坚持不懈。我待在巴黎，忍受完第一个寒冷的、总是细雨蒙蒙的、和加州完全不同的冬天，才在5月第一次享受到阳光明媚的日子，坐在杜伊勒里御花园里，欣赏着园中的鲜花，沐浴着阳光，听着周围的人窃窃私语。

几个月过去了，在连续数日把自己关在屋里拼命写作后，一个夏日傍晚，我走出门去，到一条街道上散步。奇怪，这条街道变了模样，看上去已不那么生疏——它成了我的街道。我甚至还能用法语和复印店老板聊上几句。我虽在巴黎，却有了家的感觉。

这就是坚持不懈的案例，这就是改变的案例。

为了5月的那一天，为了随后的那个夏日，有些东西早就开始改变了。改变之路都很相似，你还没有意识到它发生了，还无法看出它是什么模样，改变就已经开始了。

## 改变的五个阶段

研究行为改变的心理学家提出了改变过程的“五阶段模型”[5]。模型是对现实的总结，是对通常混乱的人类行为进行标准而清晰的分段。根据我的经验，人们会在这些阶段之间来回摆动，在某个时刻，也可能表现出多个阶段的特征。不过，我认为，该模型是有助于理解改变的一个工具，可以此为引导，评估自己正处于哪个阶段。我对这个模型稍加改动，以适合你可能想要的改变。

### 1. 前意图期（Precontemplation）

在“前意图期”，你感到越来越不安、烦心——这是发生改变的前奏时期。在此阶段，你不一定有意识地想要改变，也没有设定改变的时间表。

在此期间，你意识到自己有些不对劲儿，但不一定知道自己错在哪里。你没想过如何消除烦恼，也没想过要采取什么行动。相反，你认为自己可能正处于低潮期，或是莫名地烦躁和失意。你感觉不舒服，知道自己很困惑，但你的认知只能到此为止。

在“前意图期”，改变还是遥远、模糊、不可能的假设，你抱怨自己的烦扰，你多么希望事情有所不同，从中就可以看出端倪。

► 丹妮，41 岁。她开始注意到，尽管自己的人生相当成功，但她经常感到厌烦和空虚。这些感觉，说不上名字，也没有具体的原因，但会越来越强烈，持续数周或数月。她认为自己正在经历的，也许是中年危机或是疲劳期。直到最后，她再也无法置之不理。她开始写日记——她很早以前有过这个习惯，但后来放弃了。几个星期后，她注意到，这些日记透露出了某些信息。

丹妮察觉到自己的不适，但刚开始并未采取任何行动，这是“前意图期”的典型特征。如果对这些不适感觉置之不理，或者想办法分散注意力，那“前意图期”就会无限延长，不一定引起任何改变。

### 2. 意图期（Contemplation）

在这个阶段，你认识到自己有问题，开始思考问题何在、能否做些什么。在“意图期”，你仍然不喜欢改变，但开始在拒绝改变和采取行动之间权衡斟酌。你可能经常纠结于想行动和抗拒行动，质疑自己改变的能力，情绪低落、心情烦躁。你还没有做出改变承诺。

你觉得自己必须改变但又缺乏行动承诺，这可以从你的自我对话中看出。在此阶段，人们会这样说：“我必须为此做些什么，不能再这样下去啦，我讨厌自己总是……”“我应该……”这些话语隐含着“意图期”典型的不确定性和犹豫不决的特征，比如，“那要做好多事情，我不确信自己是否做好了准备”“我不知道努力过后是否会成功。也许不用改变也能安然无恙”“我不确信自己是否会中途放弃，既然最终会放弃，那为什么还要大费周章呢”“改天再说吧”。

### 3. 准备期（Preparation）

在“准备期”阶段，改变成为具体的现实，你需要完成细小的、重要的、必要的步骤。这是一个积极行动的阶段，即使你的行动是暂时的或有所保留。你收集信息、打电话、核实课程安排、选课，以便熟悉返校后的情况。你检查自己的日程安排，为利于改变的活动空出时间，你的思考和行为开始聚焦于改变。

“准备期”还包括内心习惯于改变。你以想象的形式，在脑海里“预演”改变后生活会是什么样。内心的“试想”，可以帮助你做好准备，去应对更高的期望和新的要求。在这个阶段，你公开直面自己的恐惧。

现在，你会说“我要这样做”，然后设定日期，比如你可以说“我准备好了，元旦就开始改变”。在此阶段，人们已经确定做出改变的承诺，但在告诉别人自己的改变目标时，会有所权衡。虽然内心已经开始改变，但在他人眼中，这种改变可能不太明显。

### 4. 行动期（Action）

在“行动期”阶段，你的改变会表现出他人可以看见的迹象。

▶ 兰德尔变得有些“疯狂”，因为他 35 岁时决定去念医学院。为了补齐落下的功课，准备入学考试，他搬了家，换了工作，还重新开始跑步。他的妻子说他是“一根筋儿”，而他觉得自己充满活力，这种感觉以前从未有过。

在这个阶段，你生活的各个方面都会发生变化。你多年思考和酝酿的东西，现在开始迅速展现。随着你的改变，你会和那些支持你改变的人建立起友好关系。

### 5. 维护期（Maintenance）

“维护期”阶段会延续前一阶段所采取的那些行动，不过，它本身也是一个积极行动的阶段。虽然名字平淡无奇，但“维护期”绝对是改变过程中至关重要的阶段，因为正是在这个时期，你的行为开始对接改变。你的变化得到支撑、巩固和提升，其作用得到延续。因此，这个阶段是改变得以稳定的时期，同时也会提供催化剂般的强大推力，修正、重塑你的人生，培育、巩固新习惯。投入的精力越多，新习惯就越快成形。很快，生活中的改变就会让你感到舒适、容易和便利。

在任何阶段，都不要自我辩白，产生“布道”冲动，企望别人也和你一起改变。知道自己选择的道路是正确的，这就足够了，要学会内在地证实。没有做好改变准备的人，“改变是可能的”这个想法会带给他们威胁感。如果寻求外在证明却未能如愿，你就会感到泄气。不要尝试改变他人。你可能看见了亮光，但并非每个人都想要你的亮光，很少有人会对你自己的使命做出积极的回应。

如果只有美好的愿望，改变的努力很快就会被日常生活的强大惯性打败。如果认为只要有美好的愿望就能改变，你就会减少改变所需的具体行动。美好的愿望好比石器时代的工具，为现实涂上了一抹天蓝色和棉花糖色的虚幻色彩。

不要为他人改变，也不要为某个不是发自内心的原因而改变。

改变需要的是内心的力量，而不是精灵教母或瓶中妖怪的神力。出发点错误，就会走入死胡同。你必须长期不懈地努力，不要无谓地浪费时间。目标正确，过程就会容易得多。

怎样利用时间，就会收获怎样的人生。你需要对自己利用时间的方式做出具体的调整，从小幅调整开始，养成有效利用时间和积极看待潜能的习惯。

关于改变，还有一点要清楚。人们开始认真改变的时候，偶尔会感到强烈的恐惧感。由此可见，这种恐惧感出现的时候，恰好是你有所改变的时候，而这个时候你会责怪自己：为什么要今天改变？今天和未来有什么不同吗？采取行动的时候，你会责怪自己：我为什么没有早点儿采取行动？

这些想法，是旧的自我设限习惯模式发出的“死亡之声”。

# 第5章

# 人生永远没有太晚的开始

前行道路上的某个地点，你已无法再回头。这就是你必须到达的地点。

——弗朗茨·卡夫卡《中国的长城：故事与省思》

不做出承诺，就会犹豫不决，就可能退却，往往毫无效果。所有开创性（和创造性）行动，都遵循一个基本的真理（因为忽视这个真理，无数绝妙的点子和计划都胎死腹中）：做出承诺的时刻，就是天意助之的时刻。这个时候，原本绝无可能的各种事情都会发生。这个决定会引发一连串的事件，给我们带来无法预料的裨益和意想不到的帮助。

——M. H. 默里《苏格兰喜马拉雅远征队》

不管要做什么、梦想是什么，都要开始行动。勇气能带来力量和奇迹。现在就开始行动。

——歌德《浮士德》

▶ 麦克斯做的第一件事情，是买一个闹钟。39 岁的他，还从未有过闹钟。他不喜欢自然节奏被机械装置扰乱。他觉得别人的机械式生活非常可怕，他讨厌模式化，为自己从未连续两天以同样的方式做过任何事情而感到自豪。

他入不敷出，文字工作一团糟，房间里到处堆着杂志和信件。和我第一次见面，他就迟到，还为自己没有洗澡向我道歉。他说，这段时间“事情堆积如山”，不过，最近和一位大学前室友聊起家庭和职业，让他有所感悟，决定来找我。

麦克斯 22 岁结婚，婚后一直感觉压抑，乏味的夫妻生活让他很苦闷，于是，他在 10 年后离开了妻子。这些年来，他做过各种各样的工作，大部分都比较成功，但对任何工作的兴趣都不会持续太久。

没有经过正规培训的他，贴过石膏板，做过泥水工和家具设计。偶尔也能赚到不少钱，但他讨厌“招揽生意”。他不喜欢抛头露面，“乞求”别人给他生意。此外，由于不是科班出身，他觉得自己像是个“骗子”，是“在职学习”，因此，他会降低收费标准。结果，他根本没有赚到什么钱。他对创作比较感兴趣，但又觉得自己的才华比不上写电视剧本的父亲。

麦克斯前来接受治疗，就已经踏上了改变之路。他厌倦了自己的生活，已经采取行动联系我了。如果你隐约觉得事情不对劲儿，就已经进入了改变的初始阶段。

现在，你已经向前迈出了一大步，开始理解自己是如何抑制潜能的。你不但越过了“前意图期”，也越过了“意图期”。这个成就可不小，因为这两个阶段是改变过程中持续时间最长的阶段。你已准备好开始改变过程的第三个阶段“准备期”，在此阶段，要完成具体的步骤，迈向自己的目标。要想完全实现改变，你只需完成“准备期”阶段，采取必要的行动，然后锁定、巩固改变成果。

“准备期”的第一个必要步骤是明确地跨过内心的“分界线”，做出开始新人生的承诺。在本章中，我将讨论这一点以及其他基本的先决条件，让大家从自我抑制、自我限制的生活方式迈向投入的、健康的、有成就感的生活方式。首先，我们会重点关注至关重要的“前进”决定，我会为你提供许多“工具”，帮助你加速这一过程。接下来，我会详细讨论一系列的具体规则，为随后两章中列出的系列任务做好准备，同时确保你能顺利完成任务。这些规则包括：寻求适当的支持，和别人讨论你的计划，学习基本的操作原则，提升关键技能，创建有序性，提升工作空间，从平常任务中发现美感和快乐。遵循这些规则，成功的可能性就会大大增加。

本章的全部内容都是关于你的内心准备的，为未来的改变奠定良好的基础。读完本章，你不用再雾里看花、敷衍了事、临时凑合、冒不必要的风险或是选择逃避。请不用担心，准备和计划不会夺走冒险的乐趣，你不会变成光亮的齿轮。一旦开始，你的冒险赌注就会加码。如果你想永远摆脱软弱，那就振作精神。如果你一直都在抑制自己的雄心，那你很快就会发现，还有更为有趣的生活方式。虽然你的目的地已经确定，但沿途你会经过尚未探索的领地，肯定会有意外的惊喜。

不过，要迈出第一步，有时候需要特别重要的东西，而这正是人们所缺乏的。

▶ 特雷弗，29 岁。是他女朋友建议他来参加“极限潜能计划”的，因为她厌烦了听他不停地抱怨自己的工作很乏味。特雷弗是一个“随波逐流者”，他这辈子做过的许多决定，都是受别人鼓动的。之前他从未自己做过决定，不过这次是否要参加“极限潜能计划”，虽然女朋友给出了建议，但最终却是他决定的。在这里，他首先弄明白了可以选择自己的生活方式，接下来的步骤就是决定要过怎样的生活，并做好相应的准备，然后执行自己的决定。

对特雷弗来说，开始按照自己的意愿生活，这是一个巨大的进步。改变越是全面，目标越是复杂，就越需要清晰的意图和周密的准备。

改变人生的第一步，是在心底做出彻底改变的承诺，发誓不达目标绝不放弃。一旦做出决定，你就会变得强大，犹如一头饥饿的猛兽，你的目标会变得非常清晰。然而，你的优先目标只有一个。当然，因为你的决定，生活会变得更加简单。

你可能已经跨出了这第一步。你想要改变行事方式，知道自己必须改变后，你不再躲闪逃避，不再寻找借口，不再经过别人同意后才行动。虽然你不一定清楚具体要做什么，但你知道自己要改变，于是你便开始了改变。

人是可以永久地、刻意地改变的。即使你还没有跨过这第一步，你也可以做出改变的决定。改变——满足内心的渴望、学习新的东西，永远不会晚。就算只能活一天，这最后一天也要活得有意义。不管你以前做过什么，如果某件事情值得去做，哪怕生命只剩下一天，也值得去做。

谁都没有改变的时间，你必须挤出时间。如果不行，就从小改变开始。千万不要掉入“无法挤出一个小时，那就算了吧”的陷阱。如果某件事情值得去做，那不管有多少时间，都要去做。每天晚上不能阅读两个小时，那就阅读 15 分钟。每天晚上花 15 分钟阅读托尔斯泰的《战争与和平》，3 个月后你就会收获快乐，觉得有成就感。

## 地上的分界线

我们发现，让“极限潜能计划”的参与者跨过具体的分界线，这种做法很有帮助。我们把房间里的家具搬到一旁，在地上画出一条分界线，一边代表着参与者过去的人生，另一边代表着他们新的人生。跨过这条分界线，就代表着他们做出了最终的、彻底的、不能再回头的决定，要去创造他们想要的人生。

我们让每个人站在“过去”一边，然后，让那些内心已经跨过去或已经做好了准备的人跨过这条分界线；那些还没有准备好的人，我们让他们根据自己的情况站在距离分界线不同的位置。

这个活动并不是强迫性的，它是借由外在的物理空间，来评估分界线的内心距离，通过具体的形式，体现出每个人当时的内心位置。没有准备好的人，不会被强迫跨过去。参与者的既定目标是改变，每个人都清楚，他们是自愿跨过分界线的，你也一样。

要想改变，就必须在某个时刻跨过这条线。你现在距离它多远？你可能喜欢跳过这个步骤，或者只想在心里跨过去。不过，我强烈建议你按照下面的方法认真完成这个步骤，不要欺骗自己。想象一下，可能会有效果，但在具体的时间和空间里跨过此线，其效果会更加强大。

选好房间，在地上画一条线，一边代表你过去的人生，另一边代表你要创造的新的人生。如果你内心已经跨过去或此刻已做好准备，那就大胆地跨过去，记下你的感受；如果你还没有做好准备，那就准确衡量你与分界线的距离，然后站在那里，并记下你的感受。

在笔记本里写下日期以及你距离分界线的位置。如果你刚刚跨过去，就在那一页上画出一条竖直的黑线，并记下跨越前和跨越后的感受。

如果你还没有跨过去，那就问问自己：距离分界线多远？

现在，想象自己正在跨越分界线，不要觉得还不是时候，记下自己的反应和感受，然后回答下面这些问题。

- 你“看见”有什么东西阻碍你跨过去吗？
- 如果“看见”了，你准备清除这个障碍吗？
- 如果没有“看见”，你准备怎么做？跨越之前，你需要做些什么或发现什么？
- 继续推迟跨越时间会给你带来好处吗？如果会，那是什么好处？
- 你推迟跨越此线的时间，还有别的原因吗？
- 有什么更为重要、需要先做的事情吗？
- 你相信开始永远不会晚吗？如果相信，你能想象自己抛开这个信念吗？你准备抛开这个信念吗？
- 你相信改变是不可能的吗？你会担心自己没有能力追求梦想吗？如果会，你能想象自己抛开这个信念吗？你准备抛开这个信念吗？

- 你相信，你能够实现梦想，但如果你现在努力并获得了成功，你会后悔没有早点儿开始努力，所以你宁愿不去实现梦想。如果你真的有这种自我挫败的心态，你能想象自己抛开这个信念吗？你准备抛开这个信念吗？
- 你相信，你能够实现梦想，但害怕自己会失望，所以宁可不努力，也不愿失望。如果是这样，你能想象自己抛开这个信念吗？你准备抛开这个信念吗？

经过多年的研究，我发现，推迟到未来某个时刻再改变，很少会带来真正的好处。即使有好处，往往也是出于想象的。跨过这条分界线，你就开始追求你的目标。无论是否实现全部目标，你都在迈向更有深度、更有质感、更有意思也更有价值的人生。

如果你认为现在开始改变已经太晚，那就请你仔细想想。改变永远不会晚，因为等待、拖延，你余生都将在平庸中度过，这有意义吗？人生中的某些分界线，只有一次跨越机会。你能把握的，只有当下。现在这个时刻，即使今后回首时发觉是最好的时刻，你也永远无法重新把握。拖延不只是拖延，还是未能采取行动。任何时刻，你要么行动，要么不行动。

你还要小心，不要落入自我设限模式的陷阱，你还没有开始，它就会阻止你。如果你是“拖延者”，就要小心为了逃避承诺而无限拖延的自我设限倾向。如果你是“反抗者”，就要注意：你知道某件事情是积极的，但认为自己是被强迫的，因而可能会抗拒。如果你是“自我怀疑者 / 自我攻击者”，就要当心，你可能不知不觉中在质疑自己的价值和能力，从而破坏了自己的决心。如果你是“沉睡者”，就要知道：你完全有能力跨过这条线并采取后续行动，而且有人会指导你怎么做。如果你是“功亏一篑者”，顺利跨过这条线，就是你自由的开始。如果你是“进退两难者”，这就是你打破人生僵局的时刻，要知道，什么都想抓住，结果什么都得不到。如果你是“绝不冒险者”，跨过这条线，你就踏上了冒险之旅，迫使自己丢掉靠近小丑投掷豆袋的那种平淡无奇的安全感。如果你是“随波逐流者”，就必须放弃“最好少努力”的行事原则。如果你是“极端冒险者”，行动之前就要冷静地考虑自己的决定，然后想方法完成所有的步骤。如果你是“怀才不遇者”，跨过这条线就是发挥天赋的有用步骤。如果你是“宁缺毋滥者”，现在就应该考虑追求卓越，不要和他人比较，也不要忘记自己的抱负。如果你是“施展魅力者”，就要明白：你无须对谁说甜言蜜语，无须说服谁，你就是你自己，你必须行动。

那个从未有过闹钟的麦克斯，他打来电话约见我，就迈出了第一步。他已经决定要行动，但也有可能会改变主意。把闹钟买回家，他又迈出了一步。鉴于他从未有过闹钟，这是具体而有象征意义的一步。

这个行动给他生活的各个方面都带来了影响。他已经提前决定什么时候起床，制订第二天的计划。有了计划，就能应对可能出现的分心之事。他已经获得了更大的成就，感觉更好了。有了闹钟，他已经从“我愿意改变”“我想改变”“我必须改变”或“我打算改变”转变为“我现在就开始改变、现在就行动”。虽然他还远谈不上彻底改变，但他已经开始了改变这个过程。不管还要经历多少步骤，他已经完成了关键的第一步。

如果你仍然喜欢等到完全做出承诺后再跨出此步，那也没关系。但不要认为自己无力自拔或落后，也不要想当然地觉得事情不对劲儿。不要原地等待，要向前迈进、做准备，就好像自己已经跨过了这条分界线。

我想再告诫几句：不要等待被人启迪，这类做法是死胡同；不要依赖情绪和激励，无论高兴与否，你都必须开始改变。华丽的冲刺固然诱人，但你必须知道如何坚持到底。

如果你还没有跨越此线，是因为你感觉自己还没做好准备，那就问问自己：这是偶尔出现的现象，还是以前有过而事后又后悔的拖延行为？有些人永远觉得自己没有完全做好迈出重要一步的准备。如果你就是这样的人，那就要清楚：感觉做好准备固然不错，但没有这种感觉也可以开始改变。某个时刻，你必须迈出这标志着开始真正改变的第一步。你必须开始，你不能假装跨过去了，你骗不了谁的。做好改变准备，跨过这条线，然后不要回头，也不要重新考虑自己的决定。

跨过此线后，空出一天时间独处，认真思考自己全新的开始。好好安排这一天，看看日出日落。即使你早就跨过此线，如果能花一天时间独自沉思，也会给你带来益处。在这一天里，想做什么就做什么，不过要自己一个人做。可以去海边或某个给你灵感的地方散散步，也可以读读诗或写日记，要同自己深入交流，以便认可自己全新的开始。

米尔顿·埃里克森是助人改变的大师[1]，他经常让病人走出他位于凤凰城的心理诊所，登上高山，眺望、俯瞰，同时沉思改变。他说，病人们下山后就会拥有全新的视角。如果这一天你也能找到这种具有全景视角的地方，那就去吧，它会让你获得全新的人生视角。

这一天，会是你人生的分水岭，将为你提供参照点，用以衡量自己的改变。在生活中，我们会说“丢掉那份工作后，他完全变了一个人”，或者说“念完法学院后，我不再腼腆”，所以，总有一些关键点存在，而你要做的是把这一天当作基准线。

我建议你将这一天收集到的某样东西——贝壳、鹅卵石或是森林里的一片树叶——保留好，并置于视线所及之处。你可以将它放在办公桌附近或是其他可以经常看见的地方，从中获得激励的力量。

## 活在当下，向未来迈进

习惯会桎梏我们，但一旦做出毫不含糊的选择，你就拥有不可阻挡的力量。因此，要想改变，就必须做出彻底的、毫不含糊的改变决定。不做出改变决定，习惯就会胜出。虽然你喜欢随意地生活，而“毫不含糊”听上去有些夸张，但事实并非如此。你曾做出过诸多毫不含糊的决定，并坚持到底了。

你知道，你多少次从婴儿床上站起，站立片刻，然后突然摔倒吗？接下来你是怎么做的？你爬起来，双脚站稳几秒钟，摇摇晃晃，然后再次摔倒。你显得平静（没有咬牙切齿或歇斯底里）、执着和坚定，一次次地重新站起来。其实，你有“随意”标签，很可能是你执着地、毫不含糊地随意生活。仔细审视自己，你会发现自己对许多事情都很执着。

▶ 邦妮，34 岁。她回忆说，微积分考试连续两次得 B 后，她认定自己的数学已经彻底完了。证据不太可靠，但很有说服力。她得出这个结论，未经深思，但影响深远。她以前根本不用努力准备数学考试，成绩从未低于 A。数学这种东西，你要么有天赋，要么就学不会。你怎么能学会数学呢？学什么呢？她这样问自己。所以，她决定接下来上课不再认真听讲，也不再完成家庭作业。很快，她就证明自己的结论是正确的，从此再也没有回头。开始参加“极限潜能计划”之前，她从来没有重新思考过这个决定。[2]

抑制潜能，也需要执着。不管你的自我设限有着什么看似“随意”的原因，固执地认为自己无法改变，也是需要执着和坚持的。哪怕是把自己的部分执着用于改变，你也完全可以坚定地做出根本的改变。其实，你只需要做出细微的调整，让你的执着为你所用。

决定从原地开始向前迈进，需要具体的计划。这听上去有些让人却步，不过，你已经掌握了如何做计划。如果你提前盘算过如何同父母交谈、如何吸引你喜欢的某个人的注意力，那你就是在做计划。制订具体的计划，只需采取同样的策略，把它变得详细可行。

你不能呆立原地，视线越过自己的肩膀望向过去，总是想着要做出改变人生的选择，然而却从不行动。你必须转过头来，面对当下，从原地开始向前迈进。

## 改变的决定权在你自己手里

你开始改变，人们就会注意到你的变化。在一起生活、工作的人，相互之间会产生期望和暗示。人们会“盯着”你，正如你也会“盯着”他们。他们清楚你的惯常行为，会习以为常，并且期望你沿袭下去。如果他们对你的改变没有做好准备，他们的反应就会带来问题。

以前的你招之即来，现在突然变得忙碌，人们就会觉得被怠慢了，会想办法把你推回到惯常的模式——“你怎么啦？你没时间和我们玩儿了吗？我不相信你每天晚上都很忙”。你要告诉周围的人——尤其是和你住在一起的那些人——你要有所改变，让他们做好准备。

改变的过程中，你一定不要放弃自己的责任。改变并不意味着你只关心自己，而忽视他人的时间要求。如果需要调整时间，就要和他们开诚布公地商量，找到可行的解决办法。完成这些步骤后，如果仍然得不到支持，那就再和他们讨论。反复讨论期望和责任问题，这并不少见。你尽了最大努力却仍未找出解决办法，如果有必要，就要寻求外援。你可以举行家庭会议，或者和家庭治疗师一起举行一两次讨论会。

不过，要谨慎选择讨论具体改变的方式，仔细挑选讨论对象。每次告诉某人你的改变计划，你都容易受其反应的影响。要特别当心，不要觉得必须自我辩解。如果你觉得必须自我辩解，就是在暗中请求对方赞同——赞同你的计划，赞同你的决定。人们的反应不尽相同，有些人因为喜欢你或想让你喜欢，会不假思索地表示赞同；而对有些人来说，任何事情，只要与众不同或威胁到他们，都会表示反对或不予理会；还有的人并不清楚你的打算，也可能会给予赞同。根据你和朋友过去相处的经验，你可以推测出他们会做出什么样的反应。你要做的，是避免寻求赞同。为什么要把自己或别人置于其中呢？

还要注意另一种更加难以应对的反应。有些人会觉得，你希望他们对你说：你现在已经很棒了，不需要那样的改变计划。他们说的可能是由衷之言，因为他们是真心关爱你。通常情况下，这种无条件的赞同如同甘露。但是，如果你尚未跨过分界线，就会对改变所需的努力感到困惑，再加上他们的建议，你就会打消改变的念头。即使是描述性的随意评论，也会带来意想不到的影响。

▶ 吃晚饭的时候，查德对他最要好的、一向支持他的朋友迈克说，他有个新的计划，要学西班牙语。迈克对查德的决定做出了积极的反应。不过，这些年来，他总是听见查德抱怨时间不够用，于是他淡淡地说道：“很奇怪，你竟然找到时间学西班牙语了。”

6 年后，查德才意识到，就在那个晚上，他已经决定放自己一马，其实他内心深处根本不想学习西班牙语。

因此，最好尽量不要和别人讨论，否则你会得到明显负面的反应。这并不一定是说，人们就对你怀有恶意。但你得捍卫自己的计划，即使不表现出来，也要在心里努力捍卫。人们的反应（即使毫无恶意）会破坏你的决心——尤其是你还没有下定决心要向前迈进时——因此，要小心自己寻求赞同的意图和必要性。

这并不是说，向他人征询意见就毫无益处。不过，你要记住，改变是你自己的决定，千万不要交给别人处理。和谁讨论，讨论到什么地步，这个决定权在你自己手上。基于上述理由，我建议你谨慎处理。

## 寻找一个陪你改变的人

计划越重大，有人支持，受益就会越大。改变这种事情会让人却步，如果知道自己有后盾，就更容易应对。路上有人陪伴，这并不是依赖，而是一种支持。真正的独立性，是知道自己何时需要帮助，知道自己能够寻求帮助。

有人加入，可以帮助你走得更远、更快。例如，运动员和其他人一起训练，成绩会更好。别人陪伴你到何种地步，如何陪伴你，这由你自己决定，不过，感到气馁或激情消退的时候，如果有人支持你，就会带来巨大的益处。

要完成真正复杂的任务，就需要技术支持。航天员有地勤人员支持；一级方程式赛车手有维修人员支持；政府工作人员有助手和顾问支持；没有哪个登山者可以独自登顶珠穆朗玛峰。买本书，买些磁带，可以学会一门外语，不过，参加培训班或请个家教，你往往会学得更快。著名钢琴家叶甫盖尼·基辛（Yevgeny Kissin）无论到哪里巡回演出，都会带上他的钢琴老师。

因此，现在就开始重视支持问题，考虑“招募”某个人，让他陪伴你改变。你可以决定这个人扮演的角色——见证者、监管者、教练、啦啦队队员、知己或“暴君”，不管什么角色，能给予最大支持就行。根据你的需要、愿望以及这个人的能力，他可以扮演任何角色。你的最低目标应该是：当你停滞、分心、泄气或想放弃认输的时候，有人能推动你前进。

既然改变是你自己的决定，你当然可以决定不和你的支持者讨论具体目标。你可以只向他汇报进度，而不用透露具体的细节。开始的时候这样做，等到你感觉舒适后就可以更加畅所欲言。如果开始时你不喜欢那么直接，也可以和一两个支持者喝喝咖啡，大致聊聊你的改变计划和目标，看看这种讨论感觉如何，会有什么结果。

你最终选定的后盾，不但要值得信赖、保持中立，还必须和你没有利害关系，只是希望你做到最好。这就排除了配偶、女朋友或男朋友、其他家人，因为这些人在你的生活中扮演着重要角色，可能会带来利益冲突。一定要尊重你的后盾，要提防救助者和控制欲强的人。这是你的事业，关键问题是为你的改变寻求实际支持。

很显然，选择后盾，你必须深思熟虑。问某个人，如果你有些犹豫，那肯定是有原因的。但一定不要想着寻求最佳后盾，以防陷入停滞状态。通常，这是无谓的拖延和逃避的表现。如果你相当确信自己心里有了理想人选，那么睡觉前再仔细想想，考虑一晚上。第二天，如果你依然觉得他就是理想人选，那么再等一天，然后再去征求他的意见。

这个人同意之前，你们俩需要就他扮演的角色达成共识。你俩的关系要简单，对他的要求要直接。不要寻求无限制的承诺。让同一个人陪伴你完成改变计划，这样做虽然有好处，但并没有必要。不过，让你的后盾熟悉这本书，是会有帮助的。

请记住：成功改变是你自己的责任，不是你后盾的责任。如果你请求他推动你、严格要求你，那他发出命令时你就不要心生怨恨。预见到这些问题，接受心理医生辅导，就可以解决这个症结。

好的心理辅导，不管是长期的还是短期的，都是有益的投资。但是，现在的目标是让某个中立者监管你的进度，辅助你解决可能出现的情绪问题，因此，最好找一个注重实际的、短期的、能解决问题的治疗师。采用长期的方法实现具体的短期目标，只会让你无谓地拖延时间。

如果你选定的那个人拒绝你的请求，要心平气和地接受，这对你俩来说都是最好的结果。如果他不想承担这个责任，让他支持你，结果是不会好的。你还会找到其他后盾，因此，不要觉得你的成功就只能指望某一个人。

还有一个替代的解决办法，是和某个也在寻求改变的人结成搭档或“密友”，互相指导。只要你们都致力于改变，避免争强好胜，这个办法就会有很好的效果。找到理想的搭档后，要确保他熟悉这本书，可以“试婚”一个月，然后检查这种安排的效果，决定是否继续。

那你最终如何利用这种后备支持呢？从简单、有限的事情开始。见面时，可以讨论共同的期望，检查你的计划，具体程度以你感到舒适为宜。然后，定期检查（最好每周一次），报告具体的进展情况，并为下次检查制定目标。两次检查之间，如果你有时感到泄气，可以打电话给后盾。随着磨合度的提升，你可以优化这个支持过程。其目标是让你在正确的轨道上不断前行，而如果遇到瓶颈，就要寻求后盾的建议。

▶ 托尼，37 岁。他向老朋友菲尔寻求帮助，让他做自己的“暴君”。托尼请求菲尔无情地命令自己执行计划、实现目标，激励自己，不要让自己逃避责任。他们已相识多年，因此，菲尔可以严格而不失幽默地扮演“暴君”角色，而且，这个经历也增进了他俩的关系，加深了友谊。

## 学习知识，建立后援团

随着生活方式的调整，你需要学习很多东西。要做一块吸收知识的海绵，获得的信息越多，前行时就会越自信。

学习是最快乐的事情。提升自己，会让你充满活力。如果担心自己无法进步到某种程度，那就再看看，相信自己，你可以做到。此外，学习知识、提升技能还会带来巨大的成就感，而缺乏技能和知识则是长期缺乏成就感的原因。

生活在现代世界的成年人，严重缺乏独立生存的知识。20 世纪之前，人们的寿命较短，哪怕是一个牧羊人，也会熟悉数百首歌曲、诗歌和故事，会说几种语言、演奏几种乐器，会制革、做黄油、腌制咸肉、建房、为死者安排葬礼。相比之下，我们所知甚少。

▶ 查理经常感到后悔，因为他远远达不到那个牧羊人的标准。他的电脑专业知识并不丰富，他抱怨说，他的销售业绩很出色，完全是因为自己善于沟通。

仔细想想，他发现自己贸然进入电脑行业，似乎是想亲自动手修理东西。他曾种过蔬菜。他兴奋地规划菜园，却发现很难坚持，到夏天的时候，园子里的杂草比蔬菜还多。他修过篱笆，但没有测量好木板，结果，如他所言，修好的篱笆“非常粗糙，不整齐，一点儿不好看”。于是，他放弃了这些事情。

不会演奏大提琴，不会吹奏萨克斯管，查理也能生存；不了解历史，不懂史诗，你也会用叉子吃饭。但为什么要甘于自我限制呢？会某种技能或熟悉某种知识，固然不会百分之百造就有满足感的生活，但不努力学习技能，你就会限制自己，活着毫无成就感。要感觉自己活着，就要学习。要学习，不管是插花、合气道、射箭、雕塑还是写作，你都需要不断地重复。

很显然，学习知识和技能有很多渠道。可以报名参加社区中心培训、大学继续教育，也可以通过电子媒介学习。学习某种技能的时候，要找到那些已经先于你学会的人，要找到那些拥有你尚未掌握的知识的人，然后把他们当作你的某种“后援团”，除了你的后盾，他们也能给予你各种信息。

网球运动员安德烈·阿加西（Andre Agassi）的职业生涯走过下坡路，但他与体能教练和网球教练通力合作，共同制订计划，成功走出了低谷。在体能教练的帮助下，他进行了艰苦的调整性强化训练；在网球教练的帮助下，他学会了战略和战术思考。几乎每场比赛，这两人都陪伴着他，给予他情感支持。结果是：阿加西东山再起，夺取了大满贯，成就无人能及。[3]

有了具体的、实际的支持，你也能像阿加西那样受益，做出改变。阿加西的后盾和“后援团”相互配合，你也可以这样做。你的“后援团”提供具体的信息、帮助以及重要的情感支持，而你的后盾提供技术支持。

要建立适合你、满足你需要的“后援团”。也许你不需要阿加西那样正规的团队。不过，你可以想想要向谁学习，一旦时机成熟，就请求他们分享信息或技能。你不必告诉他们你的全盘计划，也不用告知他们是你的“后援团”。要告知他们多少，这由你自己决定，为了你好，说个大概就够了。

另一方面，你也可以找个能指导你的人，或者安排他做你的“影子”。“影子指导”——观察某个人的行事方法，并记下观察到的东西——可以让你直观地看见他的行为和思考方式，学到他的行事态度、节奏、感觉等东西。不过，在他同意扮演这个角色之前，可能需要知道你希望获得什么样的成就。

在此过程中，你会发现自己得到了某个人意想不到的帮助，或者迈向未曾预料的方向。如果需要向陌生人搜集信息，可以问问你的“后援团”或朋友，看看谁愿意与你交谈。通常，你很快就会得到一长串名单。即使只得到一个人的名字，会谈时他还会给你推荐其他人。和朋友的朋友交谈，要比独自贸然前往更容易。你手上拥有这些资源，却可能没有注意到，要善于抓住这些机会。

## 寻找一切可以利用的机会

要利用你拥有的一切——利用你的机会。鲁滨孙·克鲁索遭遇沉船后，他的人生航向被改变，无法再去追求原来的那些目标。以前的目标不再重要，如何应对新情况，才是唯一重要的事情。他没有为自己失去的一切感到悲伤，他利用那个岛屿（以及沉船残骸），找到了生存所需的东西。他最大限度地打好手中的牌，充分利用各种可能性。如果他没有选择这样做，而是为自己的遭遇哀叹、哭泣，整天哀怨不已，那他就不会幸存下来。

相比之下，许多自我设限的高潜能者却在寻找借口：如果不是没有某个东西（更好的吉他、夏威夷之旅），如果不是受制于某些障碍（缺乏资金、公寓太小、时间不够、简历不好），那他们就能发挥潜能。或者他们觉得自己已经陷入绝境，根本不可能成功。发挥潜能所需的是：利用现有的一切。

有个人命途多舛，总是遭受灾难性的打击。然而，她有坚定的态度：每次遇到灾难，她都会不厌其烦地学习生存所需的技能。有时她要学习缝补衣服，有时她要制作船帆，但每次她都全身心地投入。说来也巧，她和克鲁索一样，最终也遭遇沉船，被冲上了海岛。后来，她到达了一个新的国度，利用自己学会的各种奇异技能，为皇帝制造出精美的帐篷，成为王庭的显赫人物。

要掌控自己拥有的、可利用的一切，要利用看似不利环境中的有利条件。例如，公寓太小，就不用担心按揭还款，还省去了不必要的麻烦。没有自己的住所，就享有随时搬家的自由。

如果你觉得自己缺乏资金，就要学会充分利用现有资源。门票免费那几天，再去参观博物馆。想要旅游少花钱，可以做导游。利用公共图书馆，看看社区有什么优惠活动。这是“有个酸柠檬，就做柠檬汁”的思维。你不能因为生活在一个“抛弃型”的社会里，就扔掉自己的机会、扔掉自己的才华。以这种自我设限的方式扔掉才华，只会表明你极度缺乏感激和谦卑的心态。

取得伟大成就的人，都学会了“让一切为我所用”的秘诀。精神病学家、催眠大师米尔顿·埃里克森晚年时将自己身患的多种疾病用作教学材料。例如，他告诉学生们，他的青光眼引起的虹视，可以帮助他夜晚入睡，他想象自己在“彩虹”中漫步。他的这个故事说明一个道理：要利用现有的一切，继续追求你的目标。

埃里克森的治疗效果很好，关键在于他善于利用病人的个体特征。他会观察病人说话或病史中的某些细节，来帮助病人做出巨大的改变。当然，埃里克森也会将别人所认为的不利因素利用起来。他小时候患过小儿麻痹症，因而行动不便，但他利用这一点，仔细观察人际关系中的细微之处。这种敏锐的观察力，为他高超的催眠治疗方法奠定了基础。

埃里克森建议人们自愿、无偿地从事某份工作，以获得经验。然后，他会辅导他们如何成为老板不可或缺的员工。等到某个时刻，他就建议他们告诉老板，他们要辞职，因为他们需要一份有报酬的工作。通常，到了这个时候，自然就会得到薪水。即使没有获得薪水，他们也学到了东西，依然遥遥领先。[4]

这个例子表明：只要足智多谋、讲究策略，就能利用机会——甚至是创造机会。不要成为自己或别人传统思维的受害者，认为成功需要什么条件或时间表。要利用现有的条件，从现状出发，采取行动。

归根结底，低成就是因为没有利用现有的条件。如果你有才华，即便浪费了大量的机会，依然能够大有可为。假如你 18 岁就结婚，为了养家，不得不放弃上大学，现在的问题是，38 岁的你会怎么做？不管你是否贻误了奖学金、助学金或人际关系，现在，你要从利用现有机会的角度出发去应对生活。

罗伯特·布列松导演的电影《死囚越狱》，讲述了纳粹监狱里一个囚犯的真实故事，说的就是“利用一切可能条件，不浪费任何机会”这种思维。它还表明了另一个重要的原则：随机应变，从错误中学习。在电影中，自始至终唯一不变的是：这个人拒绝接受即将执行的死刑判决。刚被逮捕时，押送他的汽车停在一个十字路口，他一时冲动跳下汽车，拼命想逃跑，结果被暴打一顿，还被单独囚禁起来。但他能够随机应变，从这次错误的冲动中学习到了经验——要想逃跑，就必须谨慎行事，控制自己，耐心地制订逃跑计划。

他不熟悉监狱和可能的逃跑路线，于是，他开始密切关注守卫的一举一动。守卫离开后，他把勺子磨尖，开始在牢房门上打洞。终于，他打开了牢房门，顺着梯子爬上了屋顶，在屋顶上研究各种可能性，然后制订出了逃跑计划。他还找到了一个同盟，但这个狱友非常害怕，只想听天由命，不想和他一起逃跑。大家都认为他的计划不可能成功，甚至有一个囚犯不想做这种烦琐的准备，鲁莽地逃跑，结果被射杀了。

布列松电影中的这位主人公利用了一切可利用的东西：金属片、床单、麻线，还充分利用了自己敏锐的观察力。不过，最后他也需要运气和意料之外的帮助。

这个人能够成功逃跑，是因为他有很大的决心，并采取了实际行动。他拒绝接受“逃跑是不可能的，他的死刑不可避免”这个所谓的现实，他拒绝屈服于“努力也是徒劳”这样的想法。通过敏锐的观察以及简单而明智的行动，他最大限度地控制了看似不可能的局面。他在必要时随机应变，但绝不鲁莽行动或临时起意。他很勇敢，但绝不蛮干。他愿意冒险，但绝不冒无谓的风险。明确的逃跑决定，关注任务，这是他成功的关键。他利用绝境提升自己的能力，他做到了别人以为无法做到的事情。

有这样一个故事，名为《递增的必然性》（*The Increasing of Necessity*）。这个故事讲的是：有一个穷人，为了养活妻子，渴望得到一笔黄金，于是他向国王撒谎说，他可以让传说中的先知身处王宫。他得到了赏赐，把它交给妻子，然后等着受死——如果他不能兑现诺言，国王就会将他处死。等待死亡期间，这个人有了新的能力，提高了悟性。行刑之日，黑德尔先知突然现身王宫。

还有这样一个故事：4 个麻风病人被赶出城，饥肠辘辘，濒临死亡。其中一个人提议，他们返回城门，碰碰运气，说不定有好心人会给他们吃的。其他人起初表示反对，但最后还是被他说服了。到达城门时，他们发现，由于受到敌军攻击的威胁，城里早已空无一人，他们饱餐了一顿。

要把寻找机会、利用机会作为优先选择，不要放过任何机会。要心怀感激，不要舍弃现有的一切。

做好了前行准备，就要认真对待必须做出的改变。

## 井然有序，是掌控未来的艺术

不要认为有人把电话号码记在本子上而不是纸片上，他就是来自外星系的人。不要偏见地认为，随身带着日历的人，生活就缺乏乐趣。要想掌控自己的未来，你要做的第一件事情就是让生活保持有序性。

井然有序的人可能拥有某些你尚未意识到的东西。如果你认识的某人居住空间整齐，做事有条有理——定期归档、文书工作有条不紊——那就要对他另眼相看。能处理好小细节的人，可能具有你能利用的某种优势。和他约个时间（准时到达），尽量向他学习有序性的秘诀。你可以把这个人当作“后援团”的第一位成员。

如果你向来毫无有序性，那从这个人身上首先就要了解到，保持有序性有什么好处。提一些问题，观察他如何安排自己的生活，留意有序性给他带来了怎样的快乐。要有好奇心，保持生活有序性，这样，你也可以找到从未有过的快乐。

毫无疑问，你肯定知道有序性是有好处的，只是你在某个时候认定自己生来就没有条理性——或者像奥古斯都那样，认为那些步骤太过麻烦，不值得去做。如果是这样，那请听好：摆脱随意性，养成有序性，你就会节省时间、远离挫折。为了节省时间而省略步骤，往往会浪费时间。如果你一直认为你的DNA中莫名其妙地缺乏有序性基因，那就要知道：有序性这种东西是可以学习的。

你会发现，生活有序的人，并不都是为了光辉形象而刻意为之的“伪君子”。当然，有些人爱整洁，却没有真正付诸行动，从而陷入了另一种随意性中，千万不要被他们误导。而有些人保持有序性，是因为他们能从中获得力量和美感，你要向这些人寻求帮助。他们会告诉你，有序性不仅有实际好处，还能够带来宁静和控制力，让你可以轻松完成其他事情。

正如麦克斯所发现的，随意性其实并不是什么很酷的东西。他瞎忙一气，找电话号码、重要文件或地址，其实是在浪费时间。因为缺乏有序性，他每天的生活流程被无数次打断。另外，随意性还会加大你做出改变的难度。

如你所知，如果不朝着目标采取具体的行动，你和你的目标就会“随意漂流”。采取行动的时候，有序性是一笔巨大的资产，能为即将到来的改变清理“道路”。如果你真的讨厌花费时间去完成毫无意义的任务，那就从现在开始，让自己生活的各个方面变得有序。在任何地方，不管是家里、办公室还是汽车上，都要花点儿时间，把它弄得更为整洁。注重有序性，把它视为连续性的任务，就能确保自己进步。

连续性是非常关键的。否则，你不但无法保持有序性，反而会因为漫不经心而制造混乱局面，随后不得不处理这个局面。你会感到筋疲力尽，于是放弃努力，很快陷入固有的行事方式中。因此，每次进入房间，都要尽自己所能收拾整理，离开时让房间变得更为整洁。

此外，你还要注意内在的有序性。哪怕只花一点儿时间省察、追溯自己的目标，都能增加内在的有序性，取得更好的外在效果。如果你觉得自己需要帮助才能建立内在的有序性，那你就去求助值得信赖的朋友或你的后盾。本书接下来几章所讲的安排模式，就是从内在的有序性到外在的任务。同时，你还要找到一个组织能力非常出色的人，多和他见见面，直到他的那些技能可以为你所用。

## 混乱无序，会让你沉沦于平庸

如果你的目的不是应对当务之急，支持有序性的那些技能——组织、关注细节、连贯性、分解复杂的任务——就会变得非常有用。缺乏有序性，很快你就会陷入混乱无序。例如，自我设限的高潜能者往往纠结于许多相互冲突的兴趣，就是因为他们不知道如何利用时间。所以，不要认为自己的目标太过麻烦、不值得，而应该为此学习新的技能。

麦克斯一直拒绝随身带着日程簿，直到他长大成人。他认为，如果他真的需要日程簿，就说明他过于忙碌。他更喜欢随性而为，依靠自己的记忆力，因此，他经常因为没有记下相关信息而错过了音乐会、电影和展览会。

生活变得更为有序，就会失去乐趣吗？这取决于你如何定义乐趣。没有地图或路线指南，你可能不会在圣诞前夕冲出车流穿过巴黎城。可是，然后呢？很不幸，自发性往往是对过去发生的情况的下意识条件发射，是低级的“自动驾驶”。井然有序，或者新的一天开始前就知道自己要做什么，你并不会因此失去真正的自发性或乐趣。相反，你会建构起一个框架，让真正的自发性展现出来。

自从弗洛伊德提出“肛门固着”（Anal Fixations）、痴迷、强迫症等人格行为以来，井然有序的人就成为人们嘲笑的对象。弗洛伊德所谓的“肛门固着”，说的并不是有序性本身，而是对有序性近乎顽固的痴迷、依恋以及强迫性有序行为。真正的有序性，源自条理清晰的思维，是内在和外在成就的基础。弗洛伊德本身就是一个井然有序的人，一位有条理的思想家。

如果你觉得自己已经沉沦于平庸，那就看看自己是否缺乏有序性。可以“实地调查”一下。看看你的车库，或是堆放家用工具的地方。工具看上去怎么样？你能找到十字螺丝刀或老虎钳吗？黑色的绝缘胶带在哪里？如果你找不到这些物品，情况就很难说。找工具的每一秒钟，本来都可以用来寻找乐趣的。你知道你的税单在哪里吗？好啦，你肯定已经听够了。

混乱无序还有许多其他形式。

寻找需要的东西会浪费时间，除此之外，纠正错误或未能及时处理事情也会浪费时间。账单或停车费逾期未交，就会花费大量时间拨打电话去处理。如果你要为案子去法庭应诉，不但浪费时间，还会带来诸多不便。如果缺乏有序性，你时刻都要应对危机，四处“灭火”。结果，你本来就不多的宝贵的休息时间，都用来处理遗留未做或敷衍而为的事情了。许多自我设限的高潜能者，每个周末甚至是假期都在拼命处理拖延已久、堆积如山的任务，真是到了令人震惊的地步。

较之于这种混乱无序，请看看有序性的下述特征：

有序性（物质、知识和道德）能带来巨大的舒适感、力量和经济性。知道自己要去哪里、想要什么，这就是有序性；守信、守约，这也是有序性；手边的东西随时可用，能够使出全部的力量，能够调动自己的积极性，这些也是有序性；管控自己的行为和愿望，安排自己的生活，分配自己的时间，履行自己的义务，让自己的权利得到尊重，通过自己的资金、资源、才华和机会获利——这一切，都属于有序性的范畴，都是“有序”一词应有的内涵。

上面这段话摘自《艾米尔手记》（*The Private Journal of Henri Frederic Amiel*），这本书写于电子记事本问世前的1853年，但在今天依然适用。有序性是奢侈品，也是必需品。有序性是一种艺术，也是掌控自我、掌控世界的钥匙。

## 从混乱无序到井然有序

混乱无序有很多原因，最为常见的是没有做完应该做的事情，因为逃避和拖延，所以事情越积越多。我们已经知道了逃避的后果——你很快就会感到难受，并且这种感觉与日俱增。只需数日的工夫，事情就会堆积如山，让你望而却步，你都快要崩溃了。

当然，混乱无序还有其他原因。比如，你可能因为担心自己无法保持有序性，因而选择放弃，不再强烈地渴望有序性。

▶ 34 岁的雷伊非常渴望有序性，根本不敢想象会实现。他坚持了 3 天，竭力让自己的事情保持有序性，但未能完成任务，感到极度失望。接下来的数周时间里，他都没有再努力保持有序性，生活重新陷入极度的混乱无序中，还宣称自己就不是那种井然有序的人。

雷伊非常清楚：不以混乱无序为耻，反以为荣，甚至还有莫名的优越感，这是自我设限的行为。但在某个时刻，他认定自己根本无法有序处理文字工作或保持物品整洁有序。他只有发现自己陷入绝境，才能有所进展。

如果你还是不知道从何开始，那么就让我来告诉你。每天花 15 分钟整理，使生活保持有序，坚持下去，任何混乱无序最终都会被打败。不要坐等混乱无序的状态越来越糟，也不要认为事情如果不能一次性搞定就毫无意义，相反地，每天抽出 15 分钟，尽量有所进步。周末设好闹钟，每 1 小时中，花 15 分钟保持有序工作，剩下的 45 分钟想做什么就做什么。很快，你就会进步。坚持这样做下去，你就会保持有序性。

你不必受这种时间安排的限制。不过，计划好时间，可以让你专注工作，也就有时间去追求其他的兴趣爱好。安排好时间，你就不会像麦克斯那样，因为缺乏合理的计划而备受挫折。

混乱无序既不是积极的、美好的体验，也不是快乐的源泉。下一次找不到钥匙的时候，请不要火冒三丈，要找到解决办法：形成有序放置钥匙的习惯，并长久保持下去。你如果不想得过且过，就要注重有序性。

混乱无序甚至还可能源于变通性这种优点。迅速转移注意力，参与新的事情，你就没有足够的时间从错误中学习。遇到挫折轻易放手，你就浪费了解决问题的机会。你也许还记得，那天下午，我的朋友奥古斯都毫无头绪地开车出巴黎城，备受煎熬，但不到半个小时，他就又没事儿了。因为这种懒散、随意的习惯，他很少关注车里是否有地图。所以，我们不要因为变通性、低情绪强度和过于美好的心情而忽视常识。

和其他性格特质一样，变通性不是为了自我限制。相反，它的核心是利用可利用的一切。你要么设定限制，要么摆脱限制。要利用变通性的优点，弥补它的缺点。变通性显然是一种积极的品质，只有过度依赖，才会引起混乱无序。要采取果断的行动，解决混乱无序问题。

即使你具有明显负面的特质，也可以把它变成正面的。如果你只有 1.6 米，想参加 NBA 职业篮球比赛，那就有点难度。首先，你必须忍受他人的批评，他们会说你根本就不可能参加比赛。其次，你必须将身高这个劣势转变为优势。比如，马格西・博格斯（Mugsy Bogues）的身高只有 1.6 米，完全不适合 NBA，但他却拥有很长的、成功的职业生涯。他充分发挥自己的速度优势，为了避开对方的防守，他学会了投高弧线球。他坚忍执着，充分利用现有的一切，有序地思考一切问题。有优势却总是混乱无序，有劣势却总能保持有序性，这都是因为我们的思维方式不同。

如果你善于变通，就要引起注意。钥匙丢了，就得想出一个真正的一劳永逸的解决办法。千万别忘了，你足智多谋、富于创新。只要下定决心专注某事，你就能找到适合自己的解决办法。如果你还没有想出办法，很可能是因为你跳过了这个步骤。

保持有序性，只需要一个决定。有很多工具都可以帮到你。如果你认为自己的问题是太懒惰，那就要明白：我们每个人都有惰性。屈服于惰性，惰性才会影响你。我所认识的高成就者，大都告诉我，一开始必须学会如何克服惰性，不能因为惰性而停滞不前。请记住：惰性并不是你唯一的品性。你想懒惰的时候，惰性才会出来。比如，你想好好放松一天，你就什么事儿也不想做。

要像电影导演那样思考：你是自己人生大戏的导演，你的那些品性“演员”表演什么、何时表演，得由你说了算。你可能曾经懒惰到了伤害自己的地步，但现在依然精力充沛地工作。所有的过程都是可逆的，所有的剧本在任何时候都可以改写。要克服惰性，最好的办法是养成井然有序、按照计划行事的习惯。你总是习惯于以某种方式看待自己，所有的限制，都是你自己虚构出来的。

## 专注于工作本身，可以提高有序性

推出“极限潜能计划”之前，有几年时间，我在开研讨班。我设计了一套自愿参加的身体活动任务，其目的是专注于工作过程本身，并作为集体心理语言治疗的辅助措施。

前来参加研讨班的人，我给他们每人发了一个任务清单，让他们从中选择，可以单独完成，也可以共同完成，但完成这些任务，必须遵守特别的指令：参与者要以平常一半的速度移动、走路和工作——实际上就是节奏要慢。我让他们留意自己的身体感觉，注意思维路径，杜绝说话，除非出于安全或工作所需。设计这些指令，是为了将他们从惯常模式中拉出来，改变对工作的关注方式。

这些任务包括：给花圃人工除草，每次只除一片草；将柴火从一个地方搬到另一个地方，每次只搬一根柴火；用细小的刷子粉刷墙壁，力度不能太大，也不能太小，颜料附着在墙壁上即可。完成任务的时段毫无规律，还会被突然打断，让他们有意识地专注于工作过程，不要关注结果。

通过匿名的调查问卷，参与者们说，他们参加研讨班期间有了各种变化。开始的时候，放慢速度、不准说话的工作指令让他们很受挫。对于这些指令，参与者的第一反应包括：有挫败感、无视指令或忘记指令。慢慢地，他们习惯了这些指令，关注点就从完成任务本身转移到时刻体验完成任务的过程。

大多数参与者都说，他们的内心更加宁静，更加关注自身和环境，体验到了内在的平静和安宁，不再有紧迫感。他们还说，离开研讨班后，他们完成日常任务的方式发生了根本性的转变。大多数人都认为，这些研讨班加速了心理治疗的进程，带来了意想不到的效果。

不管如何解释这些不错的成效，有一点是可以肯定的：学习的过程伴随着身体活动，可以更全面地吸收新的知识——不仅限于所谓的动觉型学习者。音乐有助于记忆冗长的信息（比如你小时候学习的字母歌），同样，身体活动也会提升学习效率。

你可以通过简单的家务劳动，比如洗碗，亲自体验这种工作方式。慢慢地、安静地洗碗，坚持一小段时间，也可以随意延长，时间总量不要增加太多，关键是你洗碗时要专注。

留意自己的身体感受和内心想法，你对工作的认知就会发生改变。专注于工作过程，工作就会变成美的体验。

这种工作方式，关键在于专注度。禅宗有言："砍柴、挑水。"其意是说，做事要心无旁骛。简单的事情，也不要分散注意力，相反，要认真仔细、全神贯注，然后留意自己所有的感受。事情再简单，也会让自己变得很感性。

此外，还要注意环境，聆听声响，感受、观察质感，体会冷暖和干湿的感觉，体验衣服接触肌肤的感觉。如果是在户外工作，要体验阳光或微风轻抚皮肤或头发的感觉。要感受你的身体。这种专注度是厌倦、乏味的强效解毒剂，它是一种很容易学会的工作艺术。

厌倦、乏味源于缺乏专注度。以前你认为单调乏味的事情，只要提升专注度，它就会变得有趣很多。要养成习惯，即使你认为无聊透顶的事情，也要全神贯注地去做。例如，下次参加会议时，如果发言人讲得很乏味，不要转移注意力，相反，要提升专注度。你就关注他的讲话为何如此乏味，想想有哪些方法能够让事情变得更加乏味或更加有趣。

专注度可以让你保持参与度。专注度被扼杀，厌倦就会开始，而厌倦往往是无法忍受挫折所做出的一种反应。下定决心，不要让外部因素控制你的内心感受。任何工作都有机会建立有序性。令人烦心的日常琐事，既然不得不做，为何不从中受益呢？任何机会，只要抓住，就会获得最大的好处。事实上，如果你将所有工作都视为自我提升的机会，很快，你内在的有序性就会提升。

工作缺乏专注度，你就失去了学习如何掌控任务、掌控自我的机会。而只有掌握这些技能，你才能获得更大的成就。移山之力，始于专注。工作专注，你就会拥有内在的力量，同时还会让工作更有意义。

## 真正的效率，是在正确的时间做正确的事

专注地工作，具有很强的滋养能力。有了专注力，所有的工作都会变得丰富多彩。如果你担心自己没有时间保持专注，很快你就会明白一个道理：真正的效率，就是在正确的时间里做正确的事情。

我们再来看看艾米尔在其手记中所写的另一段话：

知道如何做好准备，是一件了不起的事情。它是一种宝贵的“财富”，蕴含着深思熟虑、敏锐和决定。你必须快刀斩乱麻，因为并非所有的绳结都是统一的；你必须从细枝末节中理出必要的、重要的头绪。总之，要简化自己的生活、责任、事务、障碍等。

令人震惊的是，我们总是纠缠于无休无止的障碍和责任，它们就像镣铐一样折磨着我们。

如何区分必要与非必要呢？如何提高速度而又不觉得仓促呢？你要找到一种方法，以此为基础，决定要砍掉什么、保留什么。比如，凯瑟琳·巴特勒·海瑟薇总是选择最有创造性的事情去做。能

够变通是一件好事，但如果只是因为没有计划、没做好准备而对环境做出变通反应，那就是另一回事了。如果被无法控制的力量所控制，属于你的真正时间就只能是时间碎片了。

有了系统的计划，你不但会感到非常自由，还能体会到真正的效率所带来的益处。仓促行事和临时凑合只会带来混乱无序，而有序性是通往真正的效率的道路。

艾米尔还说过：

知道如何完成，知道如何死亡，二者从根本上讲是一回事儿，这意味着，要区分出真正必要的事情，而把其他事情归回原处。要想时刻保持自由，你就必须保持有序性。让我们成为奴隶的，正是混乱无序。今天的混乱无序，就会损失明天的自由。

我们现在拖着一些事不做，将来它就会横亘在我们面前，阻断我们前进的道路。管理好每天的事情，今日事今日毕，认真对待未来的每一天，我们就可以随时处于准备状态。任何负累，都会摧毁舒适、自由和明确性。负累是拖延的恶果。

马上能完成的事情，不要推迟到明日去做。事情放着不做，就等于什么也没做。记住，完成事情是大师的标志。

如果你想要一个简单的原则，让自己的生活变得有序，做事更有效率，那就要留意上面最后一段话。艾米尔提出了创造有序性的基本原则——今日事今日毕，你很难找到比它更为简单、更为强大的原则了。作为关键的技巧，完成事情能带来巨大的掌控感。

在本书中，你已见过很多人，如果你也像他们中的大多数人一样，那么自由就在你的人生愿望清单中居于突出位置。艾米尔特别强调，创建有序性的人，就能获得自由。此外，艾米尔还明确指出，追求并成功地完成一个目标，你同时也会完成其他目标。这种杠杆效应，对于改变尤为重要，要寻求能同时引起其他积极改变的改变。

另一方面，拖延、放弃、半途而废也具有强大的杠杆效应。每次拖延，都会带来更严重的混乱无序。如果你摒弃这些习惯，按时完成任务，会给你的生活带来“革命性”的影响。

“知道自己要去哪里、想要什么”，这是艾米尔对有序性的另一定义。拥有目标，犹如轮船有了方向舵。目标可以帮助你掌舵，不被风浪任意驱使。每天早上只花几分钟思考当天要完成的计划，然后告诉自己随时牢记这个计划，你就会取得巨大的进步。如果你不知道自己要去哪里，就很容易受到分心之事和爱默生所说的“随意的好奇心”的影响。等到你回归现实，想起自己要做什么时，你的时间已被浪费了。

保罗曾在一封书信中写道：“三心二意者，事事皆无常。”建立自我设限高潜能者治疗小组时，我发现了一点：大多数人直到最后时刻才决定加入。即使他们表现出浓厚的兴趣，也是拖延到最后才做决定的。我还发现，有些人前来做了第一次咨询，就再也没有回来过。基于我辅导自我设限的高潜能者的经验，我开始明白，他们过着怎样毫无计划的生活。这样的生活方式是很乏味的、令人厌倦的，表面的自由变成了监牢。

这种生活方式，部分源于他们犹豫不决，不肯致力于任何事情，而这样做只会导致失望。你不想被人愚弄，但归根结底，问题的关键在于你不清楚自己要去哪里、想要什么。要弄清楚这些，就需要反思，重新安排优先事项，要有所选择、有所放弃。如果你做事稀里糊涂、三心二意，习惯于喜怒无常，那你就会变得不可信赖，甚至对自己也毫无诚信可言。

下面这段电话录音，是某个正在考虑报名参加“极限潜能计划”的人在计划开始前3天留在语音信箱里的。

博士，您好。我是加思，这是我的回电。很抱歉，我应该早点儿回电或回信的，只是因为我真的很纠结。我收到了报名表，但有几件事情让我感到困扰。一件事情是，要使用那么多的书面资料，要坚持参加14次辅导，一想到这些，就让我头疼。此外，整个辅导的费用不少，而且不知道这个辅导是否真的有用。对于这一点，我真的很纠结，我不知道该怎么说。我想说的是，如果有人排队等候的话，那就把名额留给他吧。但我也不确定，因为我还在考虑中。总之，我真希望自己不这么纠结，而是更加果断，但我就是这样。如果你想给我打电话，我的号码是……

如果你因为纠结而无法动弹，那就要反思自己想要什么，这样你就会发现自己要设定什么目标。

## 创造舒适的工作空间

旅馆经营者、酒吧老板、饭店老板、建筑师、室内设计师和风水师长期以来都知晓的一个事实，得到了大量的心理学研究理论的支持：空间的物理布置（包括座椅的形式与摆放位置、装饰品的位置、灯光的种类与亮度等）会对不同的活动起着促进或抑制的作用。[5]

空间环境是一种独特的结构形式，会带来不同的有序性效果。它会发出大量的你的意识无法处理的信号，产生意想不到的效果。如果空间设计有助于工作的展开，它就会吸引你，你做什么事情都会更加容易。

一定要创造一个舒适的工作空间，这样你就能从中受益。不要以为受到相互冲突的事情的干扰，或者缺少可用的、伸手就可以拿到的办公用品，你还是能非常高效地工作。事实并非如此。“手边的东西随时可用”，这是艾米尔对有序性的另一定义。不要以为灯光的亮度不够，或者穿着内衣（或者不穿内衣）躺在床上工作，工作效率同样会很高。虽然马塞尔·普鲁斯特（Marcel Proust）和安娜·德·诺阿耶（Anna de Noailles）是躺在床上写作的，不过，床最好还是用来睡觉或亲热吧，因为这才是床的基本用途。躺在床上工作，你的睡眠和工作效率通常都会受到影响（但愿亲热不会受到影响）。为什么要冒这个风险呢？在别的地方，工作效率会更高。

在固定的场所工作，效率就会最高。最好是留出场所或房间，供你工作时使用。如果房间能上锁，是禁止他人入内的“庇护所”，那就更好了。不过，如果你无法这样“奢侈”，可以设立自己的专属空间，也能获得相似的效果。要求你的室友尊重这个空间，不要随意触碰或移动那里的物品。

如果你同时在做几件事情——比如，学习三角函数和学习珠宝鉴定——最好每件事情都有各自独立的空间。如果有可能，请把与这两个空间有关的支付账单或写信的地方完全分离出来。这样的话，每个工作空间就有唯一专属的“心理联想”，走进这个空间，你就会收到明确的信号，只能做这个工作。没有了模棱两可，你就能聚焦于一件事上。

根据你的居住状况，要完全创造这样的工作空间，可能容易，也可能很困难。不管怎样，尽量想办法做到吧。安排空间的时候，心里要牢记一个主要的目标：提升你的阅读、写作、练琴、思考或计划的能力。这样做，会给你带来极大的好处。

首先，思考你要追求什么目标。比如，改变自我设限模式，那么你要做的相关事情就包括：完成书面练习，制定时间表，反思，做计划。这些事情中，有些需要较大的空间。比如，你需要空间张贴时间表，最好将其放在容易看得到的地方。如果你无法将时间表或其他提示物随时置于视线范围内，可以考虑购买一个便宜的文件夹，就是画家用来放置画作的那种夹子，这种东西在美术用品店里很容易买到。必要时，也可以制作一个大的硬纸夹，用来保护自己的“作品”。

然后，思考你还需要哪些东西，才能展开活动。你要这样思考：工作空间里的所有物品都应该为你的工作服务，都应对你有所帮助，要确保没有任何妨碍你工作的物品。因此，凡是让你分心的东西——电话、音响设备，甚至是恋人的照片——都应清除出去。总之，要尽量清除所有不必要的、考验你的挫折耐受力的障碍物。

接着，准备适合的自然光照或人工光照。要既能在这个空间里工作，又不会使眼睛疲劳。使用优质的电脑屏幕，以减少视疲劳，增加工作舒适度。

此外，还要确保随手就可拿到所需的办公用品。纸张和笔的质量要好，用着感觉舒适，看上去要美观。整个环境的布置要传达出这样的信息：这是一个很棒的、舒适、美观的工作空间。

选择你最喜欢的装饰颜色，选择看着漂亮、摸着舒服的椅子和桌子，让你的工作空间尽可能接近你想象中的理想的工作空间。

当然，每次离开前，都要用几分钟时间来整理空间。这样会带来诸多益处，至少可以创造一个有吸引力的、你想回去的空间。待在这样的空间里，你的内心会更加平和、宁静，因而工作效率会更高。

## 学会应对乏味的事情

改掉自我设限行为是一回事，培养实现目标所需的技能则是另一回事。你可能从未遭遇过挑战，因而尚未培养这些技能，或者你找到了逃避培养它们的方法。不管怎样，你都必须利用这些技能形成良好的习惯。

即使你不屑于其中的某些技能，它们也有可能是你取得成就所需的基础。因此，现在就要赶上去，学习这些技能。借用艾米尔的话说，要有效率，就必须“管控自己的行为和愿望”。

主技能提供的就是这种管控手段，你做任何活动都会用到它，你完成各种任务也会用到它。例如，用吹风机吹干头发，就有一套互不关联的技能。你取出吹风机，开到高挡或低挡，可能还会用到梳子。这些行为都是习惯性的，不需要过多地思考或注意。吹头发、擦鞋、切三文鱼片本身并不是主技能，而做这些事时提升专注度的那些技能才是主技能。主技能是与努力的程度和注意力有关的行为，它们肯定会影响努力的结果。

要想获得高成就，就必须学会下面这些技能，并将它们变成你的习惯。

- 保持有序性
- 保持耐心（与挫折耐受力有关）
- 调配注意力（与工作和单调乏味有关）
- 保持毅力或韧劲
- 保持连贯性
- 坚持到底或贯彻到底
- 完成
- 重复

任何目标都会包括某些让人不快的任务，逃避这些任务，就会养成不好的习惯，你就没有能力应对它们。现在，你必须恢复能力，提升上述技能。瞄准你需要努力培养的技能，然后就从这里开始前进。

任何身体或情绪能力的提升，都需要定期锻炼、渐渐提高要求、放松休息。例如，跑步，开始时最好慢速、短距离地跑。如果你把自己逼得太狠，就可能受伤，或者干脆放弃了。

培养情绪的耐受力和持久度，开始时要适度。可以先从一件事情开始，步子不要迈得太大。如果你以前一碰到困难就放弃，就要选择某件让你非常讨厌的事情，借此培养你忍受挫折的能力。也许你会说：什么？！别着急呀，这并不是爬过碎玻璃或穿上刚毛衬衣那样的怪异训练法，也不是受虐的做法。

▶ 米勒，44岁。他需要提升控制情绪的能力。听到妻子开始他所认为的无故抱怨，他就很容易冒火。他的第一个目标是：听上3分钟，不做任何反应，保持冷静。起初，这似乎是一个不可能实现的目标，因为他发现妻子实在是太可气了。但很快，他就可以暗中盯着手表上的秒针移动，静静地听上3分钟。这就是一个好的开始。

你可以选择有实际作用但令你不快的事情（整理办公室里的文件档案），也可以选择毫无实际作用的事情（整理鞋子上的鞋带，然后再把它们打乱）。其目的不是要你提升痛苦耐受力或者学习如何整理小物件，而是要你学会如何应对枯燥乏味的事情。我所说的，就是罗伯托·阿萨吉奥里（Roberto Assagioli）所谓的“意志力训练”。[6]

先试着做某件不是让你很讨厌的事情，每次10分钟，每周一次。定好闹钟，时间一到，马上停止。在笔记本上另起一页，记下你的想法和观察所得。做什么都可以，简单的日常事情即可。可以整理你的内衣、软件或是餐具；可以取出抽屉里的袜子，按照颜色整理，再放回去；可以整理CD，按字母排序放好。

参加我的研讨班的人，我曾要求他们要爱上细心和注意力，你也要这样做。按照我说的去做，你就可以培养出所有的主技能。要学会“保持毅力或韧劲”，最好的任务就是你一次次返回去做那些看上去没有太大进步的事情。例如，你可以用砂纸打磨旧衣柜，准备重新喷漆。不要使用那些难闻的化学制剂去清除旧油漆或污迹，要用砂纸长时间地、有方法地打磨。要学习“保持连贯性”，最好的任务就是做那些需要耐心的事情，比如清除花园里的杂草。做这样的事情，会给你带来帮助。

有人告诉我，所谓“功夫”，其实就是“持续的、长期的练习”。因此，书法的一笔一画就是功夫——书法家不断地练习，直到融会贯通，自由书写。弹钢琴、系鞋带、做蛋奶酥、用砂纸打磨柜子……这些都是功夫。

要不断地重复练习，直到需要学习新东西时可以随时运用这个技能。最终，你会忘记难受，挥洒自如。这些主技能，要不断完善，并随时拿来用，不断地重复做这些事。

练习的时候，不要关注自己是否有了新的技能。不要挖出玉米种子，去看它们是否发芽。要排除杂念，只管重复，不断地重复——这本身也是耐性练习。假以时日，变化就会发生，不管你是否留意过。要时刻关注改变的过程本身，关注你采取的行动——比如，要把蛋奶酥放在烤箱里。

要培养“保持耐心”的技能，关键在于重复。你要享受这个冗长的、重复性的过程，坚持不懈，忍受单调，即使遭受挫折，也要继续努力。重复并不是自我强迫，它关注的是过程本身，而不是结果。留意所做的事情带来的感觉，能帮助你学会投入、增强毅力。

既然学习新技能需要重复，那你就要喜欢重复。一学就会，毫不费力就能成就大事，这些固然很好，但通过重复学会的技能能带来别样的快乐，请不要错过这种快乐。放弃音乐课或舞蹈课，还没有学会就放弃练习，你就失去了培养耐心的机会。乐在其中，就更容易收获很多东西。如果这颠覆了你现有的观念，那我只能说：亲自去试试吧，亲自去体验一下吧。

主技能是不断重复单一行为所获得的。重复培养“保持耐心”的主技能，就相当于在健身房里重复进行举重训练。不要忽视这些细小的重复性动作所带来的力量，如果你认为小动作无足轻重，不值得去做，那你永远无法成就大事。你必须恢复“体形”，培养情绪耐受力。重复会练出内在“肌肉”——基本的情绪和任务导向的“肌肉”。

关于重复和毅力，还要说明一点：很多情况下，故意拖延也会带来快乐。注重即时性的结果与让人痛苦的外在关注，二者是同时进行的。很多事情，只有随着时间的推移才会显现出来。巴黎的鹅卵石街道，经历了几个世纪才有了今天的模样；最好的意大利香醋，要用一辈子的时间才能酿成。如果你对快乐的定义是即时快速，那你就是在痛苦地自我设限。

许多有价值的事业没有成功，就是因为缺乏毅力和耐心。也许再做一次，它们就可能结出果实。你还是摄影专业的学生，不可能一年后就获得普利策摄影奖；你还在画裙子草图，不可能一年半后就有自己的服装设计风格。这些新的创意，需要长期培育，才会生根发芽。

保持毅力，意味着不管发生什么，都要迈开步伐，努力坚持。关注过程而非目标，你就会培养出毅力。缺乏耐心，大都源于关注终点和结果，而不是关注做事情的过程。值得去做的事情，不管是痛苦还是快乐，都值得去做。

莱纳·马利亚·里尔克克服了各种困难，坚持不懈地创作美妙的诗歌。他说：

唉！一个人年轻时写的那些诗，简直不足为道。应该耐心等待，积累终生（如果够长寿的话）的感受和芬芳，然后，等到了人生尽头，也许才有可能写出10行美妙的诗歌。诗歌并非如人们所想，只是感觉（感觉早已足够）——诗歌是阅历。为了写出一首诗，必须去过许多城市、见过许多人、经历许多事，必须感受鸟儿如何飞翔，必须知道清晨的小花儿如何绽放。除此以外，你还必须回想起陌生之地的道路、意外的相遇以及早有预料的离别；回想现在依然觉得神秘的童年时光；回想给你带来欢乐的父母，而你没有抓住欢乐（欢乐属于别人），因而伤害了他们；回想儿时莫名发作但又不断变化的疾病；回想你独处僻静之屋的日子、海边的清晨、冲上高地随群星飞舞的夜晚——可是，只想到这些，仍然不够。你还必须回忆起妇女们劳作时的阵阵呐喊声，回忆起产床上熟睡的妇女以及亮起又熄灭的白色灯光；你还必须陪护过垂死之人，必须在窗户大开、传来阵阵声响的房间里守护过死者。然而，只有回忆，依然不够。回忆太多，先要刻意地忘记它们，然后耐心等待，回忆会突然到来，成为诗歌创作的灵感。因为诗歌并非回忆本身，所以只有等到回忆变成我们体内的血液，变成我们的一举一动——只有等到此时，你的脑海中才会涌现出一首诗歌的第一个单词，然后一发不可收拾。[7]

如果你是“宁缺毋滥者”，就要知道：要想出类拔萃，就必须拓展自己，而不是固守现有的能力不思进取，而且，你还需要毅力和韧劲；如果你是“跳房子游戏者”，就要知道：因为缺乏毅力，你有太多未竟之事等着处理。

## 时间管理与“5 分钟法则”

艾米尔说过，安排自己的生活、分配自己的时间是有序性的基本要素。这是否意味着，你绝对不会再有自由，也不能随意行事？完全不是。不过，有序性的某些方面确实需要严格管控，时间就是其中之一。再也没有比管控自己的时间更为重要的事情了。现在就开始练习管控自己的时间。你不管控时间，随机事件或他人就会替你管控时间。要制定“约见自己”的时间表，并严格执行，形成习惯，去做那些让你的生活更加充实的重大事情——那些你不希望错过的事情。

这是否意味着，你就被牢牢地绑在这个时间表上，日复一日、年复一年地做着同样的事情？完全不是。你可以更改自己的时间表，时间表是为你而存在的，它是为你服务的工具。一旦养成习惯，遇到某些你希望保留的东西，你就不会放过。

例如，阅读巴尔扎克的作品是你的一大目标，你决定每晚花 90 分钟读他的作品。但后来你发现，在你阅读的这个时间段里，简·思铂睿（Jane Siberry）、叶甫盖尼·基辛（Yevgeny Kissin）或是其他某个你喜欢的艺术家有现场演出，你要权衡一下，是否要去观看这些艺术家的演出。有些艺术家的作品，通过 CD 欣赏更加完美，而去看现场演出不但会耽误阅读时间，还要花费金钱，因此不值得去。或者你会认为，不能错过这个观看艺术家现场演出的机会。

要参加音乐会，就必须用其他时间阅读。通过各种创造性的方式，尽量读满 90 分钟。比如，当天不吃午餐，省下时间来阅读。要有意识地强迫自己阅读，以便让阅读“楔入”你的生活；要把阅读视为没有任何商量余地的事情。

另一方面，正如耶稣告诫弟子的，安息日是为人设立的——人不是为安息日设立的。即使你不能完全做好调整，也不要完全放弃新的目标。可以采用“5 分钟法则”：碰到真正难得的机会或是紧急情况，日常时间表中的每项活动，至少都要做 5 分钟，不能完全省略不做，第二天再恢复正常的时间表。

我有一位作家朋友，过去 25 年里，她每天都坚持写日记，无论发生什么事，从未间断。有一天，她要接受 10 个小时的手术，凌晨，她写好日记，然后才去医院。第二天上午，她让女儿把日记本带到病房。尽管麻醉药的药效尚未过去，她感到头昏眼花，但她还是坚持写完了一行日记。

听到这样的故事，你很容易认为，这是一种神秘的、反常的意志力，只有超凡脱俗的人才会拥有。可是，写日记只坚持 2 天或 20 天，你就不会将其视作强大意志力的例子了。如果某天她停止写日记，也许你的观点就是对的。可事实是，她一直坚持着她在第 2 天、第 20 天所做的事情。也许只有坚持到第 600 天，人们才会认为她拥有强大的意志力。好像这样更为合理。那么，除了这两天坚持写日记，她和其他那些只在第 2 天或第 20 天才写日记的人有何不同呢？不同之处就在于：她一直在坚持。她保持了连贯性，并把它变成了一种艺术。

当然，你还有其他的优先事项和责任，你需要转移自己的重心。你会发现，一旦你关注渴望的东西，眼前的事情就会变得不重要。“有意识地”是一个操作性强的词语，如果你严格按照习惯操作，缺乏有意识的关注，你所做的事情永远不会太理想。

例如，你感觉疲惫不堪的时候，就该休息，花时间找乐子只会让你更疲惫，这种时间管理方式不好。这还会让你疲于应付各种麻烦，寻求逃避。你要退后一步，等尘埃落定后，再利用些许有序性，让事情顺利发展。哪怕你决定每天睡觉前写 5 分钟的日记，也要坚持去做。否则的话，你永远只会接受某个人的命令，做不了自己人生大戏的导演，而只是其中的一个演员。

然而，即使你成了自己人生大戏的导演，生活依然会充满各种烦恼。环境发生了变化，或是出现了新的情况，如果不能及时做出反应，你就会陷于困境，寸步难行。比如前面提到的，你无法观看思铂睿的现场演出，从而失去了生活的乐趣。但是，如果毫无计划，也没有时间表，你也会寸步难行。你需要控制力，不想放弃的事情，不管发生什么，都要坚持。

艾米尔还说过：

有序性意味着光明与和平、内心自由与自我管控。有序性是力量。美与道德，首先在于真正地认识有序性，其次在于服从有序性，最后在于主动地、内在地，并带动周围的人实现有序性。有序性是人类最大的需要，是人类真正的福祉。

# 第6章

# 你准备好了吗？

人无愿景，必将灭亡。

——《圣经·箴言》29:18

不做准备，就是准备失败。

——约翰尼·伍登

人生没有重大的目标，就是道德失败。

——康佛特《法国浪漫主义散文》

“准备活动”——单是这几个字，就足以让“毫无准备”的你感到毛骨悚然。不过，现在你清楚了，准备是行动前的重要步骤。“美国和平队”的志愿者们并非突然出现在某个国家，他们都是做过精心准备的。任何事情，要想做好，就必须做好准备。还记得那个尽力帮我购买油漆的奥古斯都吗？他就略去了在车里准备好地图这个关键步骤。准备并不是浪费时间，或者拖延开始的时间，准备就是开始。

本章和下一章将详细讨论改变的总体规划。它并不是帮助你处理事务的永久方案，而是一种打破自我设限模式、制订应对路障策略的方式。

好的总体规划会告诉你要做什么、何时做。这个有“15 项任务”的总体规划，将提供一系列步骤，帮助你打破自我设限模式。这些任务的安排，是基于先后逻辑顺序的。虽然你完全有理由变换顺序——例如，前 3 项任务，你可以同时做或按照不同的顺序去做——不过要注意，不要跳过每一个步骤，也不要超前完成任务。大部分任务，都会为随后的任务奠定基础。过多地跳过步骤，会降低速度、影响进度。要把它想象成建造教堂。绘制蓝图和铲起第一锹泥土，两者都是必要的、重要的步骤。

你有才华和创造力，你可能觉得不用做任务，也能学到基本的东西。这种想法很有诱惑力，但你必须打消它。只明白其中的意思是远远不够的，这只会浪费时间。跳过某些任务而不去做，从一开始就是在准备失败。因此，你要杜绝这种做法。

几乎所有的任务都需要练习（还需要随时携带一个笔记本）。这个工作是无法避免的，不过我保证，这些练习都不是繁重的作业。

这些练习并不多，而且很有效。重复练习对于成功而言是有意义的、是必要的，我会对如何完成这些练习进行详细说明。

生活中有很多事情，你是无法控制的。要控制自己能控制的事情——在此，就是要控制努力的效果。这样做，你就会成功。

## 任务 1：积极练习，保持快乐，是开始的有效方式

积极练习，是起点。这个任务并不是无用的装饰。尽管要求很多，但你无须清除自己的情绪“硬盘”，重新格式化。快乐是更有效的开始方式。在日常生活中，每天增加一件快乐的事情，并坚持做下去，即使有自我设限的行为，你也会从中获益。

你永远要保持快乐，尤其是开始做持久性的、重大的工作。没有了快乐，效率就会降低。每天至少要花一个小时，做做这些事情：阅读文学作品、听音乐、欣赏或制作艺术品、融入自然、锻炼身体、独处。

如果一个小时显得太长，请不要紧张，你可以慢慢开始。尽量挤出时间，然后逐渐增加时间。做一会儿，总比完全不做好。开始时，你可以减少任务量。比如，你一直想读的那本书，每天就读一页。

如果你对快乐的定义不是参与而是免于参与，你就会发现自己的日常生活已经失去了最大的快乐。不要因为怕太麻烦，而把享受快乐这件事留到“正确的”时间去做，或是推迟。在生活中积极地练习这件事，你就会从中受益。

▶ 露丝，47 岁。她收藏了很多黑胶唱片，一直梦想着好好听完，反复听某些乐段，或是边听边读乐谱，或是听完某位作曲家的全部作品，或是欣赏同一作品的不同版本。在她的收藏中，没有一张唱片是完全听完了的，她原本打算退休后再听。

现在，露丝每天晚上都花 30 分钟听完一张唱片的一面。

*※ 拖延警告：日程安排太满，当然就挤不出时间去做新的事情。一旦被绊住，就会开始推迟各种事项。*

不要等待。要毫不含糊、毫不妥协地坚持积极练习，尤其是你觉得自己没有时间的时候。时间具有惊人的弹性。任何事情，只要不得不去做，你总会挤出时间去做。比如，发生紧急状况，你会丢下手头的所有事情去处理。要想为这项新活动挤出时间，你就要把它视为每天都不能忽略的紧急情况。要认为自己处于危机之中，这样的话，真理也许并非那么遥远。

▶ 凯尔，36 岁。他一向喜欢锻炼身体，开始参与“极限潜能计划”6 个月前，他从东海岸搬到这里。在此期间，他没有翻开过一本书，也没有练习过太极，他感到空虚和莫名疲倦。刚开始参与这个计划，他就加入了健身俱乐部；即使感到非常疲惫，每晚也坚持阅读。两个月后，他发现自己进步了许多，而且是他搬到这里后最有条理的时候。

做什么事情通常让你感觉更好呢?找到它,把它纳入你的生活,就从这件事情开始做起。

开始积极练习,就必须安排好时间。要安排好时间,就必须检查你的日程表,然后做出决定。此外,你可能还得将快乐“偷运”进生活。

纳斯鲁丁每天都要穿越阿富汗边境,他的毛驴驮着沉重的包裹,边境守卫确信里面装的是走私货物。30 年来,守卫都要求纳斯鲁丁卸下包裹接受检查,但他们从未发现任何走私货物。最后,在纳斯鲁丁宣布“退休”的那一天,泄气的守卫请求他说实话:这些年来他一直在走私什么东西?

“毛驴。”纳斯鲁丁回答道。

把一项新的活动硬塞入日程安排中,这是一种并不困难的提升效率的方法。有起点总会更好。加入积极的练习,就是一个非常有利的起点。你想加入的活动,也许你早就清楚,也许是你一直拖着未做的某件事情。你应该每天坚持做积极的练习,每天都增加一点时间,直到达到一个小时。

## 任务 2:梦想练习,遇见更好的自己

要想让改变具有价值,你的脑海里就要有大图景。要将改变同你的个人志向联系起来——这个志向,你曾粗略想过,或偷偷梦想过,但后来放弃了,从未为之采取行动。事实上,它甚至可能是你过去认为有些傻因而从未大胆去追求的某个梦想。丢掉自我设限模式固然会带来回报,但是,如果将你的全部潜能都用来实现某个让

你激情澎湃的梦想，你的努力就有了焦点。拥有梦想或愿景，是全力投入的关键因素，因为内心有了梦想或愿景，苦恼、障碍和麻烦全都会消失。要拥有梦想，开始规划自己的愿景，因为愿景是成就自我的基石。[1]

愿景会带来财务回报，但是，为了赚钱而去做某件事，同你本身想去做事是无法相提并论的。赚更多的钱可能是合理的目标，但不是你的梦想。你要寻找有意义的事情，要寻找非常重要的，即使失败也值得去做的事情。

拥有梦想，即使努力，也可能会失败。基于这个原因，你可能长期都在选择逃避，不敢制定宏伟的目标。你可能已将自己的梦想归为幻想，还庆幸自己注重实际、意志坚定，庆幸自己达到了某种佛教徒的超然境界。放弃梦想，将梦想讥讽为幼稚的想法，这是针对失落感或失败的典型的自我防卫。要想摆脱平庸的处境，就要让自己重新步入希望、事业、意义和梦想的领地。

梦想是多种多样的，可以是渴望拥有的生活方式、渴望建立的人际关系、渴望掌握的技能、渴望获得的知识或自我认知，也可以是想要的旅行或冒险。梦想必须非常可信、明确和具体，这样你才能将它转变为大目标和子目标。同时，梦想还必须具有一定的延展性，但要小心那些扩展过度的目标。这样的目标过于模糊，很难实现，你往往还没有开始，就失去了动力。还要避免抽象的目标，比如，“我想实现我的潜能”。可以，但如何实现呢？

本任务所包括的练习，要求你锁定某个具体的、清晰的目标。你可以先从下面这个练习做起。

□拿出你的笔记本，以最快的速度随意写下你心中的渴望、梦想和幻想，不管它们是多么不靠谱。不要评判或编辑——想到什么就写什么，直到再也想不到什么了。现在就写，写完后继续阅读。

有了清晰而具体的、让你神魂颠倒的、具有更大意义的、无论成败都值得热诚追求的梦想，你就踏上了完成本任务的道路。如果还没有这样的梦想，你就还没有碰上路障。如果感到不知所措，请不要担心，很多人都在这第一关中被困住。拥有愿景这个建议，虽然不是心理疗法行话，但是愿景能让人生更有意义。

接下来要做的是另外一些简单的书面练习，目的是帮助你接触愿景。即使你已经能够说出自己的梦想了，不管是模糊的还是清晰的，我还是要求你做这些练习，至少坚持一个星期。这些练习会加深你对梦想的了解，或把梦想变成全新的、意料之外的东西，让它变得更醒目、更具体、更坚定。不过，有时候梦想也会变得更简单、更直接。

如果最初几次你什么也没写下，感觉是徒劳无功，请不要担心，这并不表明你就失败了。相反，它可能表明你正在进入此前从未接触过的领域。你有任何反应，都不要担心，也不要评判。要坚信：即使遇到挫败，坚持这些练习也是非常值得的。

这些练习费时不多，最终，你会获得丰厚的回报。不要担心这些练习是否过于简单或过于复杂，附带记下你的判断，搁置一旁，然后继续做这些练习。我经常发现，自我设限的高潜能者非常挑剔，而且他们从小就觉得自己高人一等，往往会把挑剔的探照灯对准自己。“自我怀疑者/自我攻击者”和“宁缺毋滥者”尤其如此。然而，过于挑剔会使你受挫，因为你会担心，一旦无法达到卓越的标准，就会遭到别人严厉的评判。

我要求你第一次读到这些练习时就做。第一次做的时候，你只有一次机会完成它们，要好好把握。

□回答下面这些问题，要以最快的速度写下答案，想到多少就写多少，每个问题的回答时间不少于60秒、不超过90秒。如果有必要，可以定好闹钟，不要停顿。如果你脑子里一片空白，就在后面写上“思维中断”(blocking)，等到想到了答案，再写下来。

不管是写的时候还是写好后，都不要编辑、评判你的答案。不要担心你的答案说了什么，也不要担心它是原创性的还是重复了别人的、是否切合实际、是否前后一致。不要担心写得太多或是太少，只管写下答案。不要把你的答案给任何人看，因为这样你的答案就会有所保留。

不要想着顿悟或灵光乍现。如果有了重大发现，那很好。不过，即使每页纸上写的都是“思维中断”，也不用担心。不要担心规定的时间太多或是太少，只需每天坚持练习，并且接受自己写下的任何答案。每个问题都是开放性的，具有各种可能性。坚持练习下去，你至少能提升自己的挫折耐受力。

你必须回答完一个问题后，再回答下一个问题，每个问题的答案都要独立成页。

这些问题如下：

■ 如果100%能确保成功，你会做什么从未做过的事情？

- 如果能加倍提升自尊，你会做什么从未做过的事情?
- 小时候，你有没有想过长大后做什么？你看见或听见的什么东西或事情，让你感到好奇或着迷?（可以是电影、书籍、新闻，也可以是你在夏令营或暑假做过的某件事情。这个不一定与工作或职业有关。）
- 小时候，哪些个人品质总是让你心怀敬意或心生敬畏？长大后，如果你知道如何培养，你会培养哪些品质?
- 如果不必考虑生计，你会参加什么活动？换句话说，如果不是为了金钱，你会做什么?

□从现在开始，每天新翻开一页，标好日期，只管写下答案。第二天不要在前一天写过答案的那一页纸上接着写。最好不要回头看你写过的答案，直到一周结束。你昨天想到的答案，是昨天的答案，不要让它影响你今天的想法。你要把关注点放在今天，看看自己今天会有什么想法。

***※ 放弃警告：*** *第一次做这些练习，如果成效不大，请不要评判结果，也不要放弃。要接受它，并坚信：你既没有浪费时间，也没有失败，只要每天坚持做这些练习，就会产生效果，获得收益。*

一周之后，而且只能一周之后，检查你的答案。你也许会感到“眼前一亮”，也可能不会。如果答案中不断地出现同一件事情或同一类事情，那就表明你已经瞄准了某个梦想。

如果你仍然觉得收效甚微，不用担心。不管你是否看见了具体的结果，你都要行动起来。坚持做这个练习，梦想就会开始显现。另一方面，如果你想起了某些早已忘记的事情，或者拥有了某些全新的但不是非常清晰的想法，那么，坚持做这些练习的同时，要精心呵护这些想法。

坚持一周之后，你就应该做完了这些练习。此时，你觉得自己已经拥有了清晰的愿景或梦想。你的梦想应该具有延展性，既要超越你现有的处境，又不能超过你的信念范围。你的梦想必须具有想象的空间，即使你此前认为这根本不可能。如果你是“绝不冒险者”或“极端冒险者”，请保持冷静。不要站在小丑面前投掷豆袋，也不要站到房间另一头投掷豆袋，这两个位置，从一开始就是在准备失败。

一个月后，如果你还没有找到任何梦想，请停止这个练习。你现在的任务，是发现现有信息的意义，并为之采取行动。你不一定要有完美的梦想才能继续前行，也不要担心自己是否能前行。并不是所有人都会在同样的时间、以同样的方式到达同样的地点。你现在所在的地方，就是你应该在的地方。“才华 = 速度”，这个等式在这里并不适用。一个月后，即使你觉得自己没有找到远大的梦想，也不要因此而止步不前。

▶ 桑德拉，29 岁。第一次做“任务 2”的书面练习时，她未能写下任何有意义的答案，愤怒地扔掉笔记本，数次摔门，再三考虑要不要退出辅导小组。

幸运的是，她没有退出。3 天后，她重新回来练习，反复去做。

渐渐地，她意识到：期望或要求即时性的完美，就是极端的、固有的自我设限模式。她必须摆脱最初的情绪反应。又过了10天，她终于找到了清晰的、具体的梦想。

▶ 厄尔，37岁。艰难地做完一个月的练习之后，他觉得自己还是没有找到清晰的、重要的愿景。他只有两个目标——在文学杂志上发表一篇短篇小说，攀登加州北部的沙斯塔山，仅此而已。经过一段时间的练习后，厄尔觉得这“两大目标”非常适合他。他也意识到，挡在他面前的，正是“梦想”这个词及其过于宏大的概念。

请不要被术语或先入之见影响。其实，愿景的重要性至少可以追溯到《旧约》：“人无愿景，必将灭亡。”你不一定要有让时间停止这样“怪诞”的梦想才能继续前进。下面是厄尔的做法，你也可以这样做。

□在笔记本的空白页上写下你死亡之前希望去做的事或掌握的技能、知识，列个清单。可能是你曾经放弃的、随后渐渐淡忘的那些事情，比如去南极。这一页的内容可能是：第1行：“参观泰姬陵”；第2行：“学会冲浪”；第3行：“学会吹口琴”；第4行：“学会指压按摩”；第5行：“回去念医学院”……不要评判这些事项的价值或可行性。从某种程度上讲，这是第一次练习的重复，但这次你会想到更多的可能性。要保持好奇心，想到什么就写什么。

通过这个练习，厄尔发现了许多旅游胜地，包括南美洲的大部分地区、太平洋群岛和东南亚。他发现自己对非洲面具很感兴趣，还想学习木雕。现在，他正充满好奇心、激情，接触自己感兴趣的领域。

将排在最前面的5个目标当成你现在的梦想，今后的所有练习，都要让它们和你的最终梦想产生关联。通过视觉化练习，很多人可以让自己的梦想更为具体——如今，视觉化已被成功地用于多种训练，包括奥运会运动员训练、治疗癌症病人、提升心理治疗的效果等。其实，视觉化训练很容易，它就是儿童“假扮”游戏的延伸。在视觉想象中，画面越清晰，就会让你越有激情、越坚定，效果也会越好。

早上刚起床、晚上入睡前，请做下面这个练习。为什么要这个时候做呢？刚起床的时候，新的一天尚未开始，你还没有对接惯有的思维模式，因此，你的潜意识更能接纳这些东西。晚上入睡前，你最后想到的那些事情，睡着后是不会继续去想的。

□早、晚各一次，想象自己的梦想已经实现。要让自己“看到”梦想生活的具体细节，一两分钟即可，慢慢做。要尽可能清晰、具体地想象梦想中的那些场景。想象自己在做什么、穿着什么衣服、感受如何、每天的状况如何、身体的感觉、温度等，要乐在其中。

► 利夫顿，33岁，志向远大的作家。他怀疑这个练习是否真的有作用。他完全不明白，想象自己获得普利策奖的场景，怎么就会让自己获得成功呢？他一直对此表示怀疑。不过，他还是坚持想象，随着时间的推移，他终于尝到了甜头。

利夫顿的怀疑值得我们注意。只想象辉煌的结果，这是不够的。研究表明，想象自己为实现目标所采取的具体行动，而不只是想象结果，效果更好。[2]

关于视觉化练习，职业高尔夫球手杰克·尼克劳斯（Jack Nicklaus）是这样说的：

每次击球前，我的脑子里都要放“小电影”。我会“看见”这些场景：首先，我“看见”那个球落在我希望它落的地方——洁白、漂亮，落在绿色的草地上。然后，我“看见”球飞到了那里，我“看见”了它的轨迹甚至是着陆方式。第二个场景告诉我如何挥杆，将第一个场景变成现实。这些“自制电影”是我集中注意力的关键，也是我每次成功击球的关键。[3]

有关运动员的研究表明，身体练习结合视觉化或心理练习，其取得的成绩会超过单独的身体练习。奥运会跨栏金牌获得者爱德温·摩西（Edwin Moses）经常想象400米跨栏比赛的完整过程，计算两次跨栏之间精确的步数，想象跨越每一道栏杆的场景，能“看见”自己的每一步动作，直到冲过终点线。摩西想象整个比赛过程，其效果无疑胜过想象胜利的结果本身。

另一方面，结果的视觉化——站上领奖台，或者看到果岭上的高尔夫球——也是有作用的。“看见”目的地或目标，可以帮助你做好“心理准备”。研究表明，想象某个事件，你就更容易认为它是有可能发生的[4]。要为自己的梦想腾出空间。孩子们都知道视觉化的价值，所以做游戏时，他们会在脑海里预演事件，或是想象自己的角色。心理预演可以创造心理目的地，让自己做好心理准备，接受梦想可以实现这一想法。视觉化还会帮助你找到原本不可能找到的创造性办法。想象实现目标的各个步骤，会带来很多意想不到的益处。[5]

如果你想改变实现梦想的视觉化场景，不管是每天都想改变，还是偶尔想改变一下，这都没有问题。只要确保这个场景能让你心情愉悦，是你梦想生活的某种体现或代表就行。

越是想象着你的梦想实现的样子，你的状态就越好。你不用规定自己每天想象两次。咀嚼三明治或者发动汽车的时候，你可能就会发现你的潜意识在干这件事情。正是为了实现梦想，你才愿意努力改变。你要让自己的梦想日渐清晰，越来越具体。你真正想要什么？想成为什么样的人？想象得越具体，实现内心想法的效率就越高。

□坚持练习一个星期后，晚上再增加这个步骤：每天刚完成这个练习，就问问自己“我今天为实现梦想做了什么”，然后记下答案。如果你什么也没做，就问问自己“我使什么事情变得更加重要”，然后记下答案。每天都要做这个练习，一直坚持下去。

## 任务 3：下定决心，坚持练习

想要成功改变，就必须拥有很强的使命感，要有完成使命的坚定决心。不管你是否一向都是刚开始努力就选择放弃，坚定决心都是“稳赚不赔”的做法。

正如我所提到的，你和大多数人一样，都曾对自己做过承诺，并坚守着这份承诺。即使你认为自己缺乏意志力，也要接受这样的事实：你有坚定的决心。

▶ 格雷格，就是那位做每一份工作从未超过 11 个月的“随波逐流者”，他确信自己从未对任何重要的目标下过决心。不过，稍加盘问，他就想出了 46 件需要下定决心才能完成的事情，其中包括学骑自行车、记住时刻表、第三次才通过驾照考试、说服父母接受自己对大学的选择。

不管听上去是多么不相关，你坚持自我设限这种行为，就表现出了决心。下面这些练习，其目的是强化你的决心，让你的意志力“肌肉”更强壮。这些练习，只要反复去做，就会从中受益。不要只是阅读它们，或者只做一次，要把它们当作每天例行之事。你要知道，只是参加了健身俱乐部，并不等于你就健身了，你要真正地行动起来。

想要拖延时间或是干脆不做这些练习，你随时都能找到理由，但这也正是问题所在。不要重复自我设限模式，让自己也讨厌自己。如果你想用固有的模式，那就像小时候那样学习荡秋千、溜旱冰、滑滑板、用石头打水漂。那时候的你会不断重复做同一件事情，直到学会。任何事情，只要定期去做，就会强化决心，不过，下面这些练习，直接针对的是如何提升决心的问题。

这部分的练习，即使你没有具体的梦想，也会有效果。不管你现在是否拥有梦想，至少你不想再限制自己。就为了这个，你要做下面的练习。

□早上起床后、晚上入睡前，各做一次视觉化练习，想象自己勇敢克服各种困难做成某事的场景。充分发挥想象力，你的想象中要包括各种感觉：视觉、听觉、嗅觉、触觉，甚至还有味觉。回想过去的某个场景，也是可以的。你“看见”自己因为决定坚持而成为持之以恒的人，其他的都不要管。你“看见”自己变得意志坚定，甚至百折不挠。结束视觉化练习的时候，要告诉自己：我要利用刚刚想象中的那种决心，去完成“15 项任务”。

▶ 琳达，27 岁。刚一开始，她就被这个练习给难住了。然后，她开始想象自己正在攀登优胜美地那块高大的花岗岩——酋长岩。她“看见”自己遇到了很多困难，但继续摸索着各种攀岩路线，直到登顶。琳达这辈子从未攀过岩，但她看见过攀岩者攀上酋长岩，于是充分利用他们的经验，效果很好。

上面那个练习，坚持做一个星期，然后再做下面这个练习，它是改变自我设限模式计划中的核心练习。

□你还记得那位发现自己有 46 件事情需要下定决心才能完成的格雷格吗？请搜索你自己的记忆档案，找出你曾顽强、坚定甚至不屈不挠地完成的事情。

从中选出一件事情，最好是最近半年内的事情。现在，不要简单地回忆这件事情或“内视”自己，要重温当时的情境，仿佛那件事就发生在此时此刻。请注意：重温记忆不同于简单地回忆。重温某个经历，你会获得直观的、逼真的身体感受。

把这些身体感受带回到当前时刻，任其增强。在保留身体感受的同时，选择当前正在做的一项任务，然后你会“看见”自己成功地完成了每个具体的步骤以及所做的相关练习。强烈的身体感受与想象练习搭配，观察并享受由此带来的变化。要在脑海里想象做完这些活动以及享受成果的清晰画面。实施改变计划的整个过程中，每天都要想象自己完成任务以及做相关练习的画面。

早上起床后、晚上入睡前都要做这些练习，每天都要坚持做。

很多人觉得这些视觉化练习是他们做过的最为重要的练习，不管是否有自我设限模式。

随着日常练习的增加，你要确保自己有足够的时间来练习。我建议你使用日历、计时器或个人数字助理。调好闹钟，贴上练习提示，在浴室镜或冰箱上贴上便利贴，用来提醒自己完成练习。

这些练习要取得效果，就必须重复，因此，你必须将它们融入自己的日常生活中。选择固定的练习地方也会有一定的好处。睡觉前，要将笔记本和其他书写工具放在床头，第二天醒来就可以使用。总之，要尽量采取各种措施帮助自己坚持练习。拖延是危险的，而只有良好的意图是不够的，因此，你要及时做好安排。

他人的“贿赂”当然会起反面作用，但完成练习后，你偶尔可以奖励自己。[6]奖励不用多大，但要让你感到愉悦。可以是一块精制的巧克力，也可以是在空气清新的地方悠闲地散步。要庆祝自己取得了进步，然后继续前行。

## 任务 4：绘制时间轴，将梦想进程可视化

你的生活离不开时间。想要成功，就要有清晰的时间意识。这项任务是制订个人总体计划时数项任务中的最重要的一项，是以图表的形式将改变计划和梦想置于生活场景中。

对所有的自我设限的高潜能者（尤其是“自我怀疑者”和“自我攻击者”）来说，做这个练习，会看见自己目前的人生成就，因而会感到阵阵悔恨。其实，你不用悲伤、痛苦，任何重大的进展都需要期限、检查点、主目标和子目标，也就是你精心计划的系列活动。时间轴是描述和识别时间作用的一种方式，它既是蓝图，也是行程表，看到它，你应该感激自己现在正在前进。

如果你还没有具体的梦想，绘制时间轴似乎有些为时过早。但是，你今后也需要做这个任务，因此，现在完成它并不算过早。制订总体计划是一个持续的过程，不是一次性可以完成的。随着信息的增加，作为总体计划的视觉呈现的时间轴需要不断地修改、完善。

比如，你要穿过曼哈顿或巴黎，如果不知道哪些道路是单行道，也不清楚阻断南北交通的游行路线，即使乘坐出租车，也会晚几个小时到达目的地。因此，制订总体计划要考虑到目前的状况，清楚自己必须采取的行动。

此时绘制的时间轴，只是一个大致的草图。你要在时间轴上列出一生做过的或正要做的事情，如果你为此感到害怕，害怕自己无法满足他人的期望，那就用铅笔绘制时间轴，这样就可以降低它的

可怕程度和约束性。请记住：时间轴只是一个指南，不是评判的工具，而且只适用于你自己。

你可以这样做：

□拿出一张壁画大小的纸，在纸的上半部分绘制寿命为90岁的人生时间轴。如果你已超过60岁，那就绘制30年的时间轴。列出到目前为止的人生事件，标出重要的里程碑，但不要被困在这里。可以是大致的日期，不需要写出所有事情——写下15~20个主要事情就够了。绘制时间轴，可以用语言、图片，也可以用任何适合自己的方式。

在时间轴上标出代表今天的位置。基于你的梦想和自我评估结果，标出你认为自己能够实现梦想的日期。这不同于为实现梦想设置期限，相反，它只是表达了自己目前的感觉，感觉自己准备何时实现梦想。

接下来，看着时间轴，用铅笔写下实现梦想所需的每周、每月、每年的主要步骤。今后你也可以随时增加新的内容，到时就可以使用纸的下半部分。

如果你拥有专属于自己的私人空间，可以把时间轴贴在每天都能看到的地方。如果没有这样的空间，那就把它放在某个方便的地方。除了你的后盾或“后援团”成员，不要让其他人看到你的时间轴，因为他们的评价和意见可能让你偏离前进的轨道。

秘密具有某种力量、某种驱动力。不要泄露想法，让它只属于你自己，把想法告诉他人，其力量就会消散。你的时间轴所关乎的，是你的人生、你的梦想。新生的梦想非常脆弱，很容易被扼杀。如果有人贬低你的“纸上人生”，很可能你还没有开始，就因为他的批评而选择放弃。

做其他练习的时候，要回顾你的时间轴。

▶ 7 年来，志向远大的作家利夫顿一直在说，“有时间就开始写”他的长篇小说。很显然，这没有起作用。然而，绘制好自己的时间轴后，他每天早上 5 点半就起床，开始写那篇小说。

## 任务 5：客观评估，冷静分析你自己

要弥补不足、消除自我限制，就必须清楚自己的现状。下面这些问题，可以帮助你全面评估自己在生活中有哪些方面需要努力。

你要在笔记本上找一个全新的地方，写下这些问题的答案。书写会迫使你改变反思的方式。利用写下的答案，锁定自我设限行为，培养必需的技能。

请注意：应对负面模式，要提前发誓，绝不要受负面感受的影响。它们会毒害你，让你动弹不得。比如，自我设限模式就是如此。你不会完全受固有模式的左右，不管这些模式多么强大，你也能成功地打败它们。如果你想摆脱束手无策的状态，那就将自己的模式想象成别人的模式，然后冷静地分析它们。

此外，也不要逃避自己的负面模式，否则，你就无法解决它们。要认真地审视它们，然后完成接下来的步骤，不要觉得这个任务太

过艰巨。其实，自我设限模式通常都会关联一两件核心的事情。为了让你的努力更有成效，请锁定下面这些领域。

**个人特质**

□从 0 到 100 选取一个数字，写下来。0 代表最糟糕的自我感觉，100 代表最好的自我感觉。圈出这个数字，它代表你常常会有的自我感觉。

从 0 到 100 再选取一个数字，写下来。它代表你现在的自我感觉，在这个数字旁边写上当前日期。

列出你喜欢自己什么，就是让你自我感觉良好的那些特质。

再列出你不喜欢自己什么，就是让你自我感觉糟糕的那些特质。

写下你的其他主要优点，写下你的其他主要缺点。

写出下列问题的答案:

- 你在生活的哪些领域有过退而求其次的选择？具体是怎么做的？
- 你在生活的哪些领域取得过成就？是如何取得的？
- 你会因为不想让对方失望或不想拒绝而同意自己不愿意或不可能遵守的约定吗？
- 出现了某种自认为无法控制的情况，你会在最后时刻想办法取消这样的约定吗？
- 你定期审视自己的生活、反思自己正在做的事情以及自己的做法吗？
- 你知道自己生活中什么在起作用、什么没有起作用吗？
- 你想换种方式做某件事情吗？

- 你想在生活中做出什么具体的改变吗？如何做出这些改变呢？
- 你会审视自己的决定，并在采取行动前考虑各种选择吗？
- 你会把自己的目标转化为具体的、必要的步骤吗？

## 你需要具备的技能

想想自己距离这些主技能还有多远。

- 保持有序性
- 保持耐心（与挫折耐受力有关）
- 调配注意力（与工作和单调乏味有关）
- 保持毅力或韧劲
- 保持连贯性
- 坚持到底或贯彻到底
- 完成
- 重复

## 其他技能

- 你还有哪些必要的技能尚未掌握？
- 你能有效管理自己的生活吗？
- 你是一个整洁有序的人吗？什么时候是，什么时候不是？
- 你是一个坚持到底的人吗？什么时候是，什么时候不是？
- 你是一个合理关注细节的人吗？
- 你把时间管理得有多好？
- 你会客观地看待时间、使用时间吗？

- 你会以完成目标为导向来安排时间吗?
- 你会认真对待约定吗?
- 你做出约定前会仔细思考吗? 还是觉得自己到时候能搞定一切?
- 你会和自己约定并遵守约定吗?

## 自我挫败习惯

- 你通常是如何限制自己的?
- 你为自己设置过哪些障碍?
- 你何时放弃过?
- 你会容许什么让自己泄气?
- 你会容许什么打败自己?
- 你会容许谁来控制自己?
- 你何时规避过必要的风险?
- 你何时冒过不必要的风险? 为什么要这么做? 是如何做的?
- 你会让他人为你的目标、幸福和选择负责吗?
- 你何时让他人为你负责过? 是如何负责的?
- 你何时屈服于他人的愿望而不是坚持自己的渴望?
- 你会将自己的失败归咎于别人吗?
- 你曾经不想面对、思考、看见或学习什么?
- 你何时逃避过变得复杂或困难的事情? 是如何逃避的?
- 你逃避过什么?
- 你何时有过随波逐流的心态?
- 你的"逃跑路线"是什么?

- 你是如何拖延某件事情的？
- 你是如何为拖延寻找借口的？
- 你都拖延过什么事情？
- 你何时拖延过？
- 你是在什么情况下拖延追求自己真正渴望的东西的？
- 你何时试图去做或假装去做而不是真正去做某件事情？具体是什么事情？
- 你通常对哪类事情只做出很少的努力？
- 除了欺骗自己，你还欺骗过谁？是如何欺骗的？
- 你曾假装过自己是谁？

## 合理化

- 你是如何为自己投入太少和进步太小寻找合理化理由的？
- 你为自己没有过上真正渴望的生活所找的理由是什么？
- 你是如何为自己没有采取行动寻找合理化理由的？
- 你会为自己的选择负责吗？
- 你会说“我做不到”，而实际上是你没有选择行动吗？
- 你是如何为自己的无所作为寻找理由的？
- 你认为是你的个人特质限制了自己能做的事情吗？
- 你相信自己无法改变吗？
- 你觉得是什么妨碍了你获得成功？
- 你会将自己的失败归咎于哪些人、哪些事？

## 害怕

- 你害怕投入吗?
- 你害怕辜负别人的期望吗?
- 你害怕失败吗?
- 你害怕平庸吗?
- 追求自己的梦想，你最害怕什么?
- 获得成就，你害怕什么?
- 你害怕改变什么?
- 你害怕什么不会改变?
- 你是如何应对恐惧感的?

## 目标与工作态度

- 你有目标意识吗?
- 你的主要目标有哪些?
- 你制定目标的典型方式是什么?
- 你会采取什么措施来支持自己实现目标?
- 你工作的努力程度，是始终如一，还是偶尔会爆发?
- 面对挫折，你会坚持吗?
- 你容许什么让自己分心?
- 你有足够强大的决心应对难题吗?
- 你对工作抱有积极的态度吗?
- 你能自我督促吗?没有别人的督促，你会动起来吗?
- 你是积极主动的，还是消极被动的?你何时积极主动，何时消极被动?

- 你会客观地看待完成任务所需的条件吗?
- 你会通过埋头于无谓的事情来逃避必须做的工作吗?
- 你会跳过令你不快的步骤吗?
- 你会坚持完成已经开始做了的工作吗?

**气质类型**

- 你的变通性有多强？事情变得困难或兴奋度降低，你会变通地放弃它们，转而去做新鲜的事情吗?
- 你的挫折耐受力有多强？你的主导情绪是什么?
- 你的能力水平是高还是低?
- 你融入新环境的速度是快还是慢?

## 任务 6：制定 3 个总清单

要制订治疗方案，就需要诊断结果；要找到解毒剂，就需要知道毒素是什么。在这个任务中，你要利用自我评估的材料，制定 3 个总清单。

- 完整地列出自我评估中提到的所有负面特质。
- 列出自己所缺的主技能和其他关键技能。
- 列出自己的“逃跑路线”和其他所有习惯性的自我挫败行为。

*※放弃警告：没错，这些你都能做到。没错，解决这些麻烦是值得的。这并不是可有可无的事情。没错，你会完成这项任务*

*的。你会惊喜地感觉到，你喜欢自己，以自己为傲，甚至还有些飘飘然。*

即使列好清单（尽管并非不可或缺），如果不采取行动，也不会取得什么成就。在下一章里，我们将重点讨论如何采取具体的行动。

# 第7章

# 行动是进步的关键

一旦决定要完成某项任务，就不要怕单调乏味，要不惜一切代价地去完成它。完成令人厌烦的任务，会获得极大的自信。

——托马斯·本内特

你一直都在不断地完善自己的行为，要么是自我挫败的，要么是自我提升的。无效的行为会暗中破坏成功。要改变习惯，就需要从现在开始采取行动。那么，我们接下来就做些稍有不同的任务。

在本章中，我会给出“15 项任务”中剩余的任务。

## 任务 7：摆脱自我设限观念，建立全新思维模式

具有某种思维方式，就无法改变自我设限行为。下面这些练习，就是改变这种思维方式的工具。如果你喜欢，可以分时段完成这些练习，不用一次性完成，但不要遗漏任何部分的练习，也就是说，你必须完成所有练习的所有部分。

要改变自我挫败行为，首先就得意识到自己有力量改变。

□回到“任务 6”中的那 3 个总清单中，从每个总清单中选择 3 个最为重要的、需要改变或提升的事项。在笔记本中单独的 9 个页面上方分别写下这 9 个事项，每页的其余地方留白。完成这 9 个事项，你就会体验到自己的生活方式彻底改变了。[1]

在每个事项的那页纸上，写下简单的自我描述性句子。例如，如果是负面的个人特质，如“缺乏耐心”，就可以写“我缺乏耐心”；如果是自我设限习惯，如“拖延”，就可以写“我是拖延者”；如果是缺乏某种主技能，如“连贯性”，就可以写“我缺乏连贯性”。每个事项都要这样写。

接下来，在每个句子下方写一句话，对这种行为进行描述，并举例。比如，“认为某件事情不会马上有效果的时候，我会变得缺乏

耐心”“快到截止日期时，我会拖延到最后一分钟”“我工作缺乏连贯性”。

接下来，直接在每句话下方加入“选择”一词，进行改写。例如，将“认为某件事情不会马上有效果的时候，我会变得缺乏耐心”改写成“认为某件事情不会马上有效果的时候，我会选择变得缺乏耐心”；将“快到截止日期时，我会拖延到最后一分钟”改写成“快到截止日期时，我会选择拖延到最后一分钟”；将“我工作缺乏连贯性”改写成“我选择工作缺乏连贯性”。

***※ 跳过步骤警告：每个句子都必须按照实际去改写。跳过这个步骤，你就会错过诸多益处。***

□现在，再次改写每个句子：将句子变成过去式，并加入“经常”之类的修饰副词，以此确认自己并不总是如此行事。例如，把“认为某件事情不会马上有效果的时候，我会选择变得缺乏耐心”改写成“过去认为某件事情不会马上有效果的时候，我经常会选择变得缺乏耐心”；把“快到截止日期时，我会选择拖延到最后一分钟”改写成“过去快到截止日期时，我通常会选择拖延到最后一分钟”；把“我选择工作缺乏连贯性”改写成“我过去经常选择工作缺乏连贯性”。

完成这些步骤后，重读写下的各种句子，体会每个细小改动所带来的有关选择和改变可能性的变化。加入关键词、改变时态、使用简单的修饰词，就能体现出限制性逐级降低的现实观念，同时更加确定自己拥有选择的自由。你不会受到过去选择的束缚，除非你决定受其束缚。阅读这些句子，大多数人都会明白并感受到其中的变化。

要替换掉限制性的观念和模式，就要选择限制性较低的新观念和新模式。可以像下面这样一步步地做。

□在每页最后一个句子下方，写下一个有关积极的新习惯的句子。例如，“过去认为某件事情不会马上有效果的时候，我经常会选择变得缺乏耐心”，在其下方可以写“认为某件事情不会马上有效果的时候，我会选择保持耐心”；“过去快到截止日期时，我通常会选择拖延到最后一分钟”，在其下方可以写“快到截止日期时，我会选择及时完成任务”；“我过去经常选择工作缺乏连贯性”，在其下方可以写“我选择连贯性地工作”。

写完这些积极的新句子后，再看一看每个事项及其下方的所有句子，体会其中的进步。

接下来的这个步骤非常关键——每天起床后、入睡前将最后写下的那些新句子重读5遍，坚持两个星期。然而，这个步骤并没有结束（会延续到下一个任务中），但认真完成这个步骤是非常关键的。不要想着加快“怀孕”的速度哦。

最后这个步骤奠定了全新的内在模式，可以用于操作全新的思维平台。你改变了自己的内在对话方式，将自己和这种新品质关联起来了。

在这两周内，你可以同时完成“任务8”。它是以“任务7”为基础的，主要内容是将旧习惯替换为新习惯。

## 任务 8：重复 6000 次，养成新习惯

这项任务是形成新的行为模式，去替换你在“任务 7”中所列出的那 9 个自我设限行为，创建准确的内在指令，然后进行实践，直到养成习惯。这 9 个自我设限行为，针对每个行为，第一个步骤都是找到过去有这种行为时的典型情境，进行分析，然后找到新的、具体的行为模式进行替换。

□再以“缺乏耐心”为例。回忆你过去做事缺乏耐心的典型情境。可能因为邮局排队，队伍移动缓慢，你突然就生气了，转身就离开了，不但浪费了此前排队的时间，而且未能完成任务。

现在想象这个情境，“看见”自己身临其境，然后，在你表现出不耐烦的时刻，用新的行为代替。在做出这个新的行为前，要考虑多种可能的行为。比如，你可能会掏出自己最喜欢的小说看，或者拿出单词本背西班牙语单词。

这种办法是否行得通，取决于你是否随身带着这些东西。如果你通常不随身带着它们，那在采取这种新的方法之前，首先就得养成随身携带这些东西的习惯。如果排队时间很长，这样做就很有价值。因为从口袋里掏出小说或西班牙语单词本来看，你就会转移注意力，不会生气和转身离开了。

如果这个新习惯与随身携带东西无关，那就更好了。如果队伍

移动速度缓慢，你就可以默背自己喜欢的诗歌，或者做各种视觉化练习。

□有了新的行为后，要创建内在指令，将这种新行为与具体的触发事件绑定。[2]

什么是具体的触发事件呢？可以是激发旧行为的事件，也可以是你想绑定新行为的事件。比如，邮局里的队伍移动缓慢，就是“缺乏耐心”的触发事件。当然，触发事件必须能够引发新的行为。

□请你按照这个格式写出内在指令或具体的操作指令——“无论什么时候，只要是排队，我一定……”，然后加上你认为最有效的行为。如果你选择的是背西班牙语单词，那这个句子就要这样结尾：“……掏出西班牙语单词本，开始背单词。”

你还必须建立具体的操作指令，确保自己随时带着西班牙语单词本。这个具体的操作指令可能是：“不管什么时候，只要拿起车钥匙，我就把西班牙语单词本放进口袋。”车钥匙是不错的触发事件，尤其是你经常开车去邮局。如果你步行、打出租车或乘坐公交车，那就得找到新的触发事件。比如，你的房门钥匙就是一个理想的选择。如果把钥匙放在单词本旁边，执行起来就会更加容易。

注意：一定要在具体的操作指令中使用“一定”这个词。

在实际情境中，无论失败还是成功，都要坚持使用新的具体操作指令；没在这个情境之中，也要使用它们。当你在真实情境中做出新的行为，就会体验到一种特别的快乐。不过，你的目标是让这种新的行为成为自动的反应，要实现这一点，关键在于重复。

有一次，我背部受伤，医生开出的处方是“动作再训练”：理疗师帮助我学习新的动作方式。我原有的动作习惯都是自动性的，因此，理疗师让我做一系列的简单练习，重复某些具体的动作。每个动作重复6000次后，我熟练掌握了新的动作。根据那位理疗师的说法，新的习惯模式要取代完全无意识的、旧的习惯模式，就需要重复这么多次。

新的行为，需要不断重复才能形成习惯。所以，6000次也许不算太离谱。要沉着冷静、一以贯之地“排练”新的行为，这样会帮助你内化指令，从心理上习惯新的行为。[3]

□早上和晚上各重复5次新的操作指令，完成每组任务后，加上这么一句话：“我会认真遵循这些指令。”想象自己在实施那些指令。长期坚持这个练习，注意到自己能够习惯性地做出新的行为后，也要坚持至少一个月。

除了自我对话和视觉化练习，还要在真实情境中做出新的行为。每天，尽可能多地创造使用新指令的机会。这意味着，你要画出界线并待在界线内，做出新的行为。进入新情境之前，要重复指令，想象这个新的行为。真实情境中的“排练”，可以帮助你最快地采取新的行动，养成新的习惯。一个月后，甚至不用一个月，很多人都会注意到发生的巨大改变。

为了让你更加了解具体的操作指令，我们再来看两个例子：拖延和反复无常。比如，“快到截止日期时，我会选择及时完成任务”，我们可以把它改为：“无论什么时候，只要知道了或设定了期限，我一定立即调整日程安排，确保任务完成，并留够时间来检查。”“我选择连贯性地工作”，我们可以把它改为：“无论什么时候，只要接到或开始做任务，我一定立即调整日程安排，坚持不懈地完成任务。”

完成第一个月的练习后，要在日常练习中增加重要的内容。也许你会注意到，在许多情境和行为中，你都表现出“缺乏耐心”。虽然你还是用“缺乏耐心”来描述这些行为，但你在这些情境中有不同的表现。你所谓的“缺乏耐心”，也就是你在邮局的那种急躁行为，同你不耐烦地告诉儿子进门之前要弄干净脚这种行为是完全不同的。前者是一种行为，后者是另一种行为。因此，你必须应对不同情境中的“缺乏耐心”的行为，并找到新的行为来替代它。

□为你想努力改变的各种负面特质或自我挫败行为，以及正在培养的主技能，找出两个你曾有过相同的自我挫败行为的典型情境。

首先选择你认为最重要的、必须改变的情境，然后建立新的适合该情境的操作指令。请记住：你的指令必须是具体的，不能模棱两可，还要包括新的积极的行为。比如，“当华莱士满脚都是泥地走进屋子时，我一定不要生气”，这样说是没用的，要有新的具体的行为代替它。你可以唱一段《卡门》咏叹调，或者数到100。具体操作指令还可以包括平静地说一两句话，比如，告诉你的儿子脚上有泥会弄脏地板。

同以前一样，早、晚重复5次新的操作指令，然后重复这句话：

“我会认真遵循这些指令。”[4]想象自己在实施这些新的指令。然后，寻找机会，和你儿子冷静地谈论脚上有泥这件事或其他话题。

养成新的习惯，并不总是一帆风顺的，你要明白其中的原因。习惯是被熟悉的情境激发出来的，这就是我们要寻找激发事件的原因。新习惯要替代旧习惯，就需要同旧习惯“斗争”一段时间，需要无数次重复，才会固定下来。这是你要面临的一场“硬仗”，不过，具体的操作指令关联触发事件，这个可以加速替代过程。负面的行为模式被积极的新行为取代，会给你带来巨大的满足感，这是你前进的巨大动力。

要改变自我设限、自我挫败的行为模式，还有几点要注意：要审视固有行为对你造成的影响。你是如何寻找理由继续做这些行为的？遇到困难的时候，要问问自己，逃避困难是否会带来你想要的结果。要学会“赏识”这些新行为：承担风险、反抗旧习惯、走出熟悉的“舒适区”。最后一点，不要再寻找借口。

## 任务9：创造有助于改变的语言环境[5]

在一次晚宴上，我和克莱夫聊了很久。克莱夫是一位非常高效的商人和投资家——他因为决策迅速、果断、清晰而为人所熟知。他说话时使用的语言，完全没有“也许”“大概”之类的修饰词，也没有“我尽量”“再说吧”这样的短语。他的语言表明，他会让事情发生，而不是等待事情发生。他制订计划、设定期限，并且坚持到底，他的语言表明了他对待生活的态度。

那天晚上，克莱夫提到，他已经把吸烟量减少到每天只抽一支，这可是一个了不起的目标。为了实现这个目标，他制订了计划，并遵守了这个计划。这听上去很像克莱夫的风格。我问他是否打算用这个方法彻底戒烟。他回答说，他考虑过戒烟，然后非常突兀地岔开话题，说道：*“先看看它会有什么结果。这很有意思——我很好奇它是否会朝那个方向走。谁知道呢，它也有可能会朝反方向发展。我得看看它如何发展。”*

我将文字变成了斜体，是为了强调他的用语。他没有强调那些词语，可能也没注意到自己的语言发生了明显变化。但是，那些修饰词会带来明显不同的结果。很显然，戒烟从来就不是他的目标，他关注的是“它”——是否会戒烟——的“结果”会如何。他的语言出卖了自己。后来再见到他的时候，他已经回到了以前的状态，每天抽一包香烟。

语言和感觉、信念，谁先谁后，很难讲清楚。就像“先有鸡还是先有蛋”这个问题一样。但很显然，克莱夫的语言反映了他对吸烟所抱有的模糊的、不确定的看法，这使他很难改变吸烟的习惯。

我们并不是随意地使用语言[6]。我们说的话、选择的用词，会表明我们相信什么、期待什么、打算什么。因此，我们的语言会反映出我们真实的想法，尤其是我们认为什么是可能的。换句话说，我们用语言来表达我们的期望和自我设限。因此，你使用语言的方式，要么使你无法前行，要么帮助你获得自由。使用有助于改变的语言，就会提升改变的效率。所以，你要创造有助于改变的语言环境，同时要求身边的人也这样做。

下面就是一些具体的做法。

■**杜绝使用具有或导致模糊性的、有漏洞的语言。**比如，“尽量做”，这句话中的“尽量”就是一个无用的、没有力量的词，本身就是在暗示要逃避本来合理的要求，削弱了这些要求的力量。事实上，“我尽量”这种对要求的回应，通常都是礼貌的拒绝。“尽量”与“努力”完全不同。“尽量”这个词是模棱两可的，有着很大的漏洞。你邀请山姆和萨利周六过来吃饭，如果他们回答说“我们尽量来”，我觉得你就应该换个时间，等到他们确定自己能来的时候再邀请。因此，不要使用“尽量”这个词。

使用“尽量”一词，实际上是一种暗示性的指令，是指不要把事情做完。有人对你说“尽量去做”“尽力而为”，他就是在暗示你：你要努力点儿，但并不期望你会成功。事实上，为了完全遵守“尽力而为”这个指令，你会决定不把事情成功完成。“尽力而为”就是在说“不用担心，我并没有期望你会成功”。想一想，接受心脏手术前，你会对外科医生说“尽力而为”吗？你告诉自己“尽量做”，其效果也是如此。无力的语言具有内在的惰性，使你和他人得到了“许可”，不用全力以赴。

对自己说模棱两可的话，你就会听从这个暗示性的指令。明确表达意图的语言，听上去则不同，会对听者提出完全不同的要求。使用这种语言，就可以创造目标清晰、指令明确的内在环境。你可以做一个惊人的证实性练习，杜绝自己对即将采取的行动使用“尽量”这个词。坚持一周，观察这样做的效果。你很快就会发现自己经常使用这个词。你还会感受到，摆脱这个语言“庇护所”会带来很大的变化。有个病人告诉我，他做这个练习，就好像是在偷听自己的潜意识。此外，还要注意：杜绝使用“尽量”一词，与尽量不使用“尽量”一词是完全不同的。

■**杜绝语言中出现“大概”“好像”这样的模糊词语，尤其是在谈论自己打算要做什么的时候**。模糊的语言会让你止步不前，也没有什么意义，尤其是还加上“真的”这样的强调词。“我好像真的想做那件事情”，这样说有何意义呢？这种话带有矛盾“病毒”。你的思维会因此而充满不确定性，你会被传染矛盾“病毒”，无法推进那件事情。谈论目标的时候，要使用明确的语言，告诉自己目标是什么、打算如何实现目标。要说“我要做那件事情”，还要说你什么时候去做。

■**留心并更正那些否定自己的责任和力量的语言**。自我限制，会表现为放弃事件控制力的语言。果断的人说话简洁，会使用现在进行时、陈述语气和主动态。这样说的话，听上去会不同，意义也会不同。“我但愿今天就让它被完成”，使用的是虚拟语气和被动态；“我今天就要完成它”，使用的是陈述语气和主动态；“今天完成它”，使用的是祈使性语气。请比较这些句子，它们听上去有什么不同吗？当然不同了。

使用被动语态，或者使用不确定性的、神秘的“它”来作为句子的主语（克莱夫谈论戒烟时就不断使用“它”），你就是在暗示：事情如何发展，是不受自己意志控制的，或者这是不受你控制的外部事件。没错，你无法控制一切，但你使用这种语言，就是在暗示自己不要无谓地发挥能力，从而为自己找到了逃避责任的理由。逃避责任，固然暂时有吸引力，但这样做往往会让你付出沉重的代价。

减轻自己的责任，就会削弱自己的力量、控制力和主动性。谁想要这样“一箭三雕”呢？

不要寻求办法减轻责任，相反，要寻求办法承担责任、增加责任。主动态表达的就是个人责任，这会让你寻求办法来控制自己的生活。使用主动态，尽可能为自己的行为承担责任，你就会感到自己的控制力和效率明显提升了。

■**控制否定性的陈述**。注意你每天使用的那些限制性的话语。“我不喜欢公共演讲”“太晚了，无法再回到学校”“我不会做计划，我不擅长关注细节”，这些都是否定性的、限制性的陈述。正如我们所讨论的，重复这些陈述，只会让你裹足不前。

要消除这些限制，就要改变否定性的陈述。你可以使用“任务”中所说的那种消除自我挫败行为的方法。把“我不喜欢公共演讲”变为“我选择喜欢公共演讲”；把“太晚了，无法做……”变为“还有时间做……”。此外，要把所有“我不能”陈述（“我不能学会俄语”）变为“我还没有”陈述（“我还没有学会俄语”）。就这样做，并体会其中的不同。这是一个增强可能性意识的有效的小方法。

让其他人也加入进来，和你一道“捕捉”否定性的、自我限制的陈述。和家人、室友或朋友一起，把它变成持续的、有益的、积极的语言游戏。每个人都要提防否定性的、自我限制的陈述，把它变为积极的陈述。如果看到其他人使用自我批判的、自我限制的陈述，也要把它变为积极的陈述。改变自己的语言环境，你自然就会发生改变。

某些情况下，如果你不想公开改变否定性的陈述，那你可以在心里这样做，或者使用替代方法：出现否定性的陈述后，马上告诉自己“删除”，删掉这种陈述。

■**使用过去时来描述负面的模式**。把所有负面的自我陈述变为过去时。例如，把“我很自私”变为“我以前很自私”或“我过去很自私”；把“我总是开始时非常兴奋，然后慢慢失去兴趣，最后放弃了”变为“我以前总是开始时非常兴奋，然后就慢慢失去兴趣，最后放弃了”。这种简单而有效的方法，将你过去的行为同现在的新行为区别开来。将你想改变的负面习惯变为过去时，就是在有意识地唤起这种可能性：它们已经改变了，或者正在改变，或者至少可以改变。

正如心理学家吉姆·法迪曼（Jim Fadiman）所指出的那样[7]，使用现在时，你指向的是未来。“我很聪明”，这句话不只是说你现在很聪明，还表明这个特质会持续下去——未来你也很聪明。用现在时表达负面特质，也会有相同的效果。因此，要把负面特质推到过去时，避免它纠缠着你不放。

■**使用现在时来描述积极的特质，甚至是那些你觉得还没有完全拥有的特质**。暂且认为你拥有它们。既然你打算保留它们，那么明智的做法就是使用现在时。使用现在时，你的行为就要与描述相符。

法国哲学家阿兰曾经说过：

对人类而言，自信尤为重要。忽视自信，就会出现严重偏差。

相信自己会失败，就会失败；相信自己一无所能，就会一无所能；相信自己的希望会落空，希望就会落空。所以，千万要当心。内在感受与外在际遇，好坏皆出自我心。

## 任务 10：承认你的进步，迈入新生活

把承认进步当作一项正式任务，你可能会觉得有些奇怪。然而，有些人取得了进步，却未能认识到，或者错误地将改变的最初步骤当成新的困难。人们未能注意到自己的进步，是因为他们只关注当前的不足，或者对进步抱有不合理的期望。就好比他们不记得，小时候，自己学会走路前曾跌倒过。

► 史黛西，你在第 2 章中见过的那位素食者、有机食品种植者和曾经的舞者。她说，一旦感觉到自己的改变计划遇到挫折，她就会对练习这件事感到纠结，甚至生气，开始想着搬到西雅图或搬回圣迭戈。在她看来，改掉自我设限习惯，获得改变的智慧，显得枯燥乏味、毫无意义，她担心自己会失去个性。

后来，她明白了。她此前每次做出重大的“跳房子游戏”举动，都会产生这些想法，就像是剧本中的台词一样。她很快得出结论：这就是她主要的自我挫败行为、自我设限模式。意识到自己的想法极大地限制了自己，而且总是那么频繁，她感到震惊。这种觉醒，成了她的跳板，使她取得了真正的进步。

开始改变的时候，一定要当心：不要寻找借口，因为以前潜在

的那些模式而放弃改变。有了进步，哪怕刚有苗头、微不足道，也一定要承认自己进步了，不要因为觉得自己没有明显的进步而生气。轻视、嘲笑自己的进步，或者因为自己最初笨拙的努力而攻击自己，你就更容易退缩，不想再努力改变。如果你是“自我怀疑者”或“自我攻击者”，整个改变过程都可能会出现这种倾向。朝着新方向做出任何努力，都代表着进步，而这是必不可少的初始步骤。不要攻击自己，说“我那么落后，还把它当成进步，这就是个笑话”“真是丢脸，还不如干脆承认自己是失败者”，也不要轻视自己，说“我还和开始时一样，没有什么进步”“可能为时已晚，无法改变了”。相反，要承认自己正在前进。因为，这本身就是一种进步。

此外，你还必须战胜恐惧。发生改变的时候，你可能会感到恐惧。比如，你在第 1 章中见到的那位辛迪，她一直在寻求心灵伴侣，但遇到心仪的人时又很烦恼。这是因为积极的改变会让人不安，容易觉得受到了威胁。如果你也是这样，不用担心，总会有办法解决的。

学会“识别”进步，就不会忽略进步的迹象。下面这个简单的练习，源自一个以解决问题为导向的心理治疗方案。请准备好笔记本，记下这个练习。

□想象一下：一夜之间奇迹发生，醒来后你焕然一新，拥有了强大而积极的特质，摆脱了自我的种种限制和自我挫败模式，取而代之的是有效的新模式。你首先会注意到什么变化迹象？[8] 整天持续观察，记下你观察到的所有变化——你对他人的行为，他人如何对待你——让你知道奇迹已经发生的所有具体的事情。完成这个想象练习后，在笔记本上列出这些事情。

例如，早上，你“看见”自己在检查日程安排，计划今天要完成的事项。你“看见”一些细节，比如要穿什么衣服、早餐吃什么、做哪种运动、上什么课等。你“看见”人们对待你的方式有了变化，你对待他们的方式也有了变化。

完成这个清单后，把它贴在容易看见的地方，最好是贴在时间轴旁边。每天早、晚做其他练习的时候，都要看看这个清单。任何时候，只要留意、经历或感受到清单上列出的那些事项，都要把它视为进步的迹象。你的人生，就是一系列的内在和外在事件的组合，每个将你推向新方向的事件，都是进步事件，要感激它、记下它、放大它。想要顺利地迈入新生活，就要承认所有的进步，不管是微妙的进步还是明显的进步。

## 任务 11：制订一份实现梦想的总体计划

罗伯想开发一种编程语言，乔安娜想打高尔夫，斯坦希望成为法国文学家。因为缺乏具体的计划，他们都止步不前。

成功的建筑师、国际象棋冠军、电影制作人，他们都清楚：所有意义重大的事业，要想成功，都必须制订具体的计划。你需要正式的计划，标出期限、检查点、总目标和子目标。没有这个计划，你就会原地打转，永远无法开始。或者，工作毫无效率，容易感到精疲力竭。

现在就制订实现愿景的总体计划。不管你的梦想是创建女性健康咨询公司，还是创建职业介绍所，你都必须：

1. 将最终目标或梦想分解为具体计划。

2. 将计划分解为具体任务。

3. 将任务分解为可控的行动步骤。

4. 安排行动步骤的先后顺序，最好由易到难。

5. 将每个行动步骤分解为能够在独立、可控的时间段内完成的具体活动。

如果你的梦想是去中东当医生，但你还没有念医学院，那么，要实现这个梦想，就必须完成很多目标，包括达到课程要求、通过医学院能力测试（MCAT）、学会波斯语口语和写作等。

遵循上述5个步骤，就可以制订出总体计划，将模糊的愿望转化为具体的行动。完善所有必要细节，让它变得完整、可操作。如果你的“后盾”能够看明白并遵循这些步骤，你就知道自己的总体计划比较完整了。你可以采用任何你喜欢的形式来制订总体计划。基于你的目标，它可以是简单明了的一两页清单，也可以是流程图或进度表。总体计划就是你的工具、你的地图，要发挥你的创造力来完善细节。

总体计划应该多详细呢？这就要看你最容易掉入什么样的自我设限的陷阱，还有你心中的计划是什么。每个人对架构的适应程度和需要程度是大不相同的。如果你也像奥古斯都那样，把车开到路上再想辙，那你可能会发现，更为细致的准备和架构会比你以前采用的方法更有益处。如果你的目标需要许多独立的步骤，光是把这些步骤写出来，就需要花很多时间。

制订总体计划，是为你所用，不是给你戴上镣铐。它是实现目标的工具，不是目标本身。要想发挥总体计划的作用，就不能只是给出一般的指导原则或指令。要给出简明的、循序渐进的“处方”，不要有任何疏漏，要确保你的努力是有实效的、高效的。要让你的总体计划具有系统性和全面性，杜绝“直觉性”的估计和猜测[9]。请记住木匠的座右铭：“测量两次，切割一次。”

▶ 罗纳德，曾经想当历史学教授，但发现学术圈都是迂腐分子。起初，他觉得太注重计划，有违自己的随性风格。以前做任何事情，他都毫无计划，并为此深感自豪。开始制订总体计划的时候，他没怎么思考就草草完成，但很快就意识到自己遗漏了很多东西。开始完善细节时，他才发现，反思实际上提升了自己的创造力。他意识到：他以前受困于那些自发出现的选择，反过来，自发性又成为他的自我设限模式。通过不断完善计划，他注意到了以前完全忽略掉的许多可能性——这是他未曾想到的结果。他说：“退后一步，看看整片森林，这是有好处的。”他开始向治疗小组的其他成员“兜售”计划的益处。

要想让总体计划起作用，就要融入成功所需的各种品质。如果你过去习惯于省略步骤、寻求捷径，我建议你从现在开始要严谨，关注细节。如果你一直卡在计划阶段，那就直奔主题，不要浪费时间。同所有拖延行为一样，假装忙碌也是逃避行为。不要被计划和准备卡住，裹足不前，要做出聪明的反应。做好简单的计划，然后直接开始。在执行的过程中，你随时都可以调整计划。

至于计划是否严谨，可以让你的“后盾”仔细看看。你的计划应该非常清楚，使他能一目了然。你做计划的目的是消除空白、模糊性和漏洞，删减不必要的步骤，补充遗漏的步骤，而不是写一份50页的文件。如果你不擅长做计划，那就给自己3小时，尽自己所能做一份计划，然后交给你的“后盾”评估，看看还需要怎么补充。制订总体计划，可以想象自己要做什么、如何去做、可能出现的困难。也可以采用相反的方式，先想象自己的最终目的地，然后逆向操作，就像高尔夫球手尼克劳斯击球那样。不管是哪种情况，都要写下来。

计划的最终版本应该非常漂亮。如果你开始做计划时写在餐巾纸的背面，也没关系——很多好计划都是从这里开始的。但最后你要把计划转移到优质的、耐用的纸张上，并保持纸面干净整洁，给予必要的尊重。

完成了总体计划，你就“走私了一头驴”。做计划时注重细节，你就训练了自己规划具体时间的能力，提升了思维能力和简化能力。在不知不觉中，你就提高了自己的自信心。

▶ 利夫顿从未做过木工活儿，但他经过不断的努力，拆掉了小屋的一堵墙，增大了房间的空间，然后把它变成了写作工作室。他从这个过程中学到：以同样的方式，深思熟虑，花费时间和精力，一步步、一点点地写，他肯定能创作出完整的小说。

## 任务12：设定目标，摆脱空想

设定目标、写下目标，然后检查目标的人，其目标实现得更快。

这些很快就实现了目标的人说，他们感到很快乐，更有满足感[10]。此外，拥有目标，对你的身心健康可能也有帮助。例如，癌症研究专家卡尔·西蒙顿博士（Dr. Carl Simonton）发现，晚期癌症患者中，拥有目标的人，其生存时间长于那些没有目标的患者[11]。学会何时、如何设定目标，你就能更快地实现自己的梦想。

设定目标，可以给你的内心传达指令，而你不再会有“果真如此该有多好”这样的空想。设定目标，就像是“跨过分界线”——有了目标，你就能保持专注，就有了行动的起点。设定长期目标，可以让你在关注具体行动的同时，使潜意识保持警惕，随时搜寻各种可能性和解决办法。因此，设定目标的好处，部分像是激光，部分像是卫星圆盘天线。

以正确的方式设定目标，效果就会更好。我来说一下两种不同的目标：长期目标和短期目标。设定这两种目标，都必须坚持两大原则：第一，只设定自己的目标，不要让他人为你设定目标，也不要为他人设定目标；第二，把目标写下来，并经常查看目标。不要把你的长期目标告诉别人，也不要打听别人的长期目标，这是很好的策略。

长期目标关乎你的远期打算。正确地表述和“使用”长期目标，即使你关注的是别的某个近期计划，也会帮助你实现长期目标。

□你已经确定好梦想或最终目标，并将它分解为一套计划。挑出其中某些计划（最多 15 个）作为长期目标，准确、具体地表达出你想要的结果，比如，“要熟练说中文”。做到这一点，并把这些目标放在看得见的地方，本身就是一个重要的步骤。我辅导过一些人，他们只是元旦写好目标，然后放入抽屉，直到来年元旦再看，那就不行。

为了有效地实现长期目标，写目标的时候要用现在时。例如，把“要熟练说中文”写成“我现在要熟练说中文”。

每天早、晚各说5次这个现在时句子，直到该目标实现。这个练习的目的，是让你的长期目标发挥命令作用，引导你努力实现它。

不要为长期目标设定期限。原因何在？设定了期限，就没有机会找到真正有创造性的、有效的、更快的解决办法，你就无法进步。

短期目标则是在短时期内（比如一个星期）完成某个任务的工具。你可以设定短期目标，比如在一周之内拨打六通电话、进行两次新闻采访或读完一本书。短期目标是具体的，并有明确的期限。它还有一个明显的特征：你要刻意地公开它。

□设定短期目标的方法：选择你希望一周内实现的具体目标，把它写下来。把这个目标告诉你的“后盾”，让他一周后检查你的结果。每天查看你的目标，采取必要的行动。做好日程安排，把实现目标当成绝不妥协的强制性命令。

## 任务13：制订备用方案，留出安全冗余

心理学家约翰·恩莱特（John Enright）讲过这样一件事情：很多年前，加州每年只举行一次律师资格考试。考试于指定日上午8点开始，迟到则不能进入考场。如果你想参加考试，又不想再等一

年，就得确保自己准时到场。

恩莱特说，那些年来，迟到的考生人数均为零。想参加律师资格考试的人，采取各种措施，预防迟到：给车加满油，准备好备用汽车，有些人干脆住在附近的旅馆。很显然，他们不只有好的打算，而且为意外事件或紧急情况做好了某种备用方案。

任何情况下，如果必须将失败概率降为零，就需要制订备用方案。美国航空航天局（NASA）的载人飞船计划，就是建立在“多重冗余度”政策之上的。也就是说，飞船的每个部件都有一个以上的备用件。“挑战者号”飞船上的O形密封圈被冻坏，由于没有备用件，导致了灾难性后果。所以，后来就增加了备用件。

对你而言，“多重冗余度”也是个不错的方法。你最不希望的事情，就是经历本来可以预防的失败。所以，要提前制订备用方案。要保护你的努力成果，不要随意浪费。要做好准备，养成良好的习惯，每到紧要关头，都能拿出备用方案。好的打算并不是备用方案，通常都会失败，因为大部分时间你都是在“自动驾驶”。

设计这“15项任务”的目的，是让你提前应对常见的问题，而备用方案可以预防以前容易出现的那些问题。史黛西意识到她的自我设限模式是频繁跳槽，于是她决定养成习惯，每周都花时间计划一下下周要做什么。定期制订小计划，你的努力就更有成效，可以避免长期去做那些一直被拖延的“死任务”。提前做好切实的计划并制订后备方案，你就不会感到意外，浪费时间，成为挫折的牺牲品，或者因为失去激情而放弃改变。

那么，哪些是备用方案呢？

制订备用方案，你需要知道自己以前什么时候是如何放弃或逃避的，然后做出决定：如果同样的情况再次出现，你要怎么做。假设你知道，感到有压力的时候，你就会丢下计划，几个星期都不去想它。那么，作为备用方案，你就应该这样做：只要挫折感一出现，你就打电话给“后盾”。这个方案还不错。但是，假设你感到压力重重，可是无法找到你的“后盾”，该怎么办？这就是问题的关键所在。没有其他的备用方案，你就会面临风险。所以，你需要再准备至少一个“预演”过的备用方案，以防第一个备用方案失败。不要设想你会保持冷静，临时能想到办法解决。临时再想办法，就会为机械的固有行为模式打开大门，比如你会逃之夭夭。

商业航班的飞行员，无论他们执飞某型飞机有多久，起飞前都会执行既定的检查，避免发生问题。要制定出你的每日检查单，以确保自己不错过任何练习。

▶ 娜丁，33岁。她觉得，最稳妥的办法是把检查单和提醒单“赶尽杀绝”。不这样做，她就担心自己无法坚持，而她又拒绝接受失败。她把检查单贴在卧室的床头柜上，然后把便利贴、提醒单贴在看得见的地方，比如浴室镜上、汽车方向盘上、冰箱门上。她甚至在牙刷上也贴着便利贴、提醒单。她随处都能看见这样的信息：“不完成并核实清单上的所有事项，绝不睡觉。”

## 任务14：完成一个具体计划，达成行动小闭环

准备和计划是必要的，也会带来满足感。但是，全身心投入具体的计划，则完全是另一回事。它是着手去做，是实际而具体的行

动。现在，你的“城堡”的第一堵墙开始竖起了。

比如，你要成为有自己风格的珠宝设计师，可能就要听课、做设计师的学徒、在设计公司工作，还要学习财务和商业课程。而其他梦想，比如演奏大提琴，所需的独立步骤则较少。现在，你已经选定梦想，并把它分解为一系列相互关联的计划。那么，接下来选择其中的一个计划，开始为之努力。如果你拥有一系列的人生目标，也可以选择其中之一，或者选择与其相关的重要计划，然后努力去完成它。

你选择的计划，要具有某种顺序，还要有适当的难度，对你现有的知识和主技能发起挑战。如果你选择的计划过于简单，那你几乎不会有所收获。如果你的这个计划太难，即使你不会像“远距离投掷豆袋”那样完全“熄火”，也很有可能会泄气。这两种情况，你都学不到什么东西。因此，我建议你谨慎选择计划。

我们来看看史黛西是如何做的。做这项任务时，她仍然没有明确的梦想。她确定梦想的时间比大多数人都要长，选择计划甚至让她更纠结。

史黛西花了一个月时间完成了“任务 2”，然后对宾馆、花园、私人住宅甚至是舞台等“布景设计”重新产生了强烈的兴趣。最初她不愿意拓展这种兴趣，是因为看不清她的未来方向。

史黛西的决心面临着考验——在这个时刻，她可能会止步不前，或者跳到新的职业道路上去，或者前功尽弃。然而，得到鼓励之后，她决定每周二晚上留出 3 个小时，去了解室内设计。她的计划很简单：搜索专业信息，然后不断练习。

她制定的第一份日程表是这样的：“11 月 10 日，星期二，晚上

8:30—11:30，上网查找有关室内设计的信息。”

这个日程表看上去并不起眼。事实上，发现或探索某个兴趣并没有唯一正确的方法，重要的是你要开始去做，并长期坚持。

在上网搜索信息的过程中，史黛西登录了大学图书馆网站，浏览自己喜欢的宾馆和公园的图片，最后发现自己真正感兴趣的是照明设计。于是，她将照明设计当作自己新的兴趣，还同室内设计师、园丁、舞台经理和建筑师探讨有关信息。这种进步的关键在于：留出必要的 3 小时，并且提前计划好每周如何利用这个时间段。

史黛西选择的计划，是为当地的一个合唱队的冬季演出免费提供照明设计。3 个月后，她为朋友的咖啡馆免费设计了照明方案。9 个月后，她成为一个舞蹈队的照明主管的助手，极大地拓展了专业知识，并开始考虑在这个领域求职。1 年后，她又对方向做出了重大调整，开始拍摄一部有关舞台照明效果的短纪录片。

她说：“我根本就不敢想象，我能够坚持完成这样的事情。”

这里有两点需要注意：第一，史黛西很善于变通。随着事情的发展，她利用变通性的积极一面，抓住了随时出现的机会。她以前是一个“跳房子游戏者”，但这次她并没有简单地避开麻烦，或者半途而废。相反，她选择了坚持，明白了兴趣是可以“进化”的。第二，她采取了一系列具体的行动，才实现了梦想。

你一直努力坚持的改变，现在进入了实战阶段。

## 任务 15：全力以赴，实现人生跃迁

全力以赴，既是一种态度，也是一套实际做法。不但完成你的

计划需要全力以赴，努力改变的最后阶段以及改变完成后也需要全力以赴。其目的是确保成功，消除失败的可能性；其方法是最大限度地掌控自己的生活。

全力以赴的一个重要要素是管理好时间。要想完成任务，获得最大的时间效益，在生活中就要合理安排日程。实现梦想的人，都是根据合理的时间安排来建构生活的。如何安排日程是一种艺术，而按照日程安排执行任务则是制定具体操作指令的问题。

你的日程安排必须考虑到你的目标和个人生活需求。不要因为全力以赴地完成计划，而牺牲了个人时间或生活的其他必要方面。相反地，要挤出更多的时间，更要提高利用时间的效率。生活中有了日程安排，就不会有随意性，也不会有任何遗漏。

巧妙地安排每天想做的所有事项，这是一门科学。什么时间最适合运动、洗澡、休息、听音乐、读书或学习呢？根据具体情况，每天的安排可能会有所不同。安排日程的目的，不是让每天变得千篇一律或死板僵化，而是确保有时间完成所有事项。如果你需要提升管理时间的技能，那就练习安排日程，把安排日程的时间也排进去。经过这样的练习，你就能更好地安排日程，你的行动就是经过深思熟虑的，而不是无的放矢的“即兴创作”。

▶ 布莱恩，你前面见过的那位自由记者，他把“全力以赴”模式变成了一种“改革运动”。经过半辈子的拖延和错误后，他从清晰的计划以及专注、坚持不懈的努力中找到了乐趣。他确定的新梦想是从事广播新闻业，他的第一个目标是在纸媒新闻业中谋得一份稳定的工作——哪怕是从头做起。他不再寻求某种大突破，相反，他决定实施系统化的计划，培养有助于实现梦想的各种习惯。

他的第一项计划是提升写作技能。他报名参加了社区大学的新闻课，翻出旧日记本，开始每天写半个小时。为了确保成功，他的“全力以赴”模式有了新的日程安排：每天提前一个半小时起床，开始做当天的视觉化练习和其他练习；将他的计划告知朋友们；做练习时，拔掉他改建过的书房里的电话线。他没有屈服于搬到洛杉矶的诱惑，而是留在原处，避免再次付出高昂的代价。

马塞尔·普鲁斯特的小说《追忆似水年华》中的叙述者是这样讲述他如何坚定地开始自己的文学生涯的：

就在第二天，我决定恢复孤独的生存状态，但这次是出于特定的目的。写作期间，我甚至拒绝别人到家里拜访我，因为完成写作任务的责任更为重要，所以我也就顾不上礼貌和客气。长时间没见到我的朋友了，刚见过我的觉得我健康状况不错的朋友，无疑不会就此罢手。他们坚持要来拜访我，而我这一天的写作（或许他们的生活）就会泡汤或中断。每个人的主观“计时器”并不都是调到同一时间的，一个人的休息时钟响起，而另一个人却要开始工作。

采取严厉的措施。要实现梦想，你就必须做出明确的承诺，去做任何需要你做的事情：告诉朋友和熟人最好什么时间给你打电话；控制外在的干扰因素；严格控制上网时间（包括处理电子邮件的时间）；拔掉电话线，或者至少关掉电话留言机；暂时断绝与外界的联系，专心完成最重要的事情；坚持完成有助于实现梦想的积极练习和其他所有练习。

布莱恩的“全力以赴”模式，就是他对曾经的严峻局面所做出的严肃回应。如果你全身骨折，就不会质疑全身打上石膏的必要性，也不会抱怨受到了束缚。布莱恩就打破了主要的自我设限模式。他以前的那些目标都很散，而且总是变换不定。他有了清晰的目标，并真正致力于实现那些目标后，发现采取严厉的措施是完全有必要的。

你应该在全力以赴这个“全身石膏”中待多久呢？需要待多久就待多久。为了突破以前的那些限制性障碍，为了确保快速培养新的行为和主技能，为了保持和巩固你的成效，请坚持“全力以赴”模式，直到新的习惯成为你的“第二本性”，以前的那些限制性模式被挤出你的生活。

任何时候，只要你真的想完成某项计划，都要坚持用“全力以赴”模式。重复新技能的各个步骤，肯定就会取得进步。由于有大量的计划等着你去实施，所以你不可能只坚持一段时间。至此，你终于踏上了实现梦想的道路。

你必须每时每刻都坚持“全力以赴”模式吗？不一定，何时暂停，这由你来决定。有些人完成某个重大计划后，会庆祝一下，然后开始实施新的计划。不过，千万不要放弃积极练习和其他练习，至少要采用“5 分钟法则”来坚持这两项练习。

你能直接管控的，只有你自己。要下定决心，全力以赴，坚持到底。

第三部分

# 人生就是不断勇往直前

# 第8章

# 人生充满挑战和惊喜

人生的悲剧，不是失败，而是差点儿就成功了。

——海伍德·布隆

▶ 弗里茨，36 岁。他给自己的手工吉他制作生意找到买家后，便开始实施一项为期 5 年的计划——在后院建造一艘船，然后驾船环游世界。弗里茨从未开过船，直到前一年，他帮助一位朋友去墨西哥湾取船，他那位朋友驾船经过巴拿马运河，一直开回了加州，而他在船上担任水手。

弗里茨愿意承担较大的预期风险。他只有一次短期的航海经历，也从未建造过船，但他用木头制造过吉他，担任义务消防员时接受过护理培训，而且足智多谋、办事细心，善于制订详细计划和解决问题。他安排好了步骤：报名参加驾船和航海课程；购买材料和船上设备；开始造船。一切都在按计划发展，直到问题出现。

造了两年之后，他发现用来黏接木头的环氧树脂失效了，可以说，整艘船都散架了，但他自己没有“散架”。即使他无法挽救这艘船，也无法挽回那两年时间，但他并没有放弃航海计划。他做出承诺，一定要驾船环游世界。于是，他换了个方法。他卖掉自己的一处房产，购买了一艘船。在 5 年的计划期限内，他驾船出海了。

弗里茨的梦想并没有什么特别之处。值得注意的是，面对重大的挫折，他是如何坚持梦想的。变通性得到其他补偿性品质的辅助，就会变成巨大的优势。如果你懂得变通，又具有韧性、足智多谋、有抱负，愿意承担适当的风险，必要时能够谨慎从事，那你就拥有了克服障碍的“药方”。

我倒是希望能告诉你，一旦开启“全力以赴”模式，你就可以沿着直线连续不断、毫无障碍、像小说情节般地实现自己的目标和梦想。但是，人生就是人生——人生是一个迷宫，充满着矛盾、挑战、复杂选择和惊喜。面对人生的这些方面，如果你也能像弗里茨那样做出弹性反应，就会“自给自足”，有时甚至还会提前完成计划。

如果你愿意“完整”地生活，既享受胜利，也接纳失败，那你就触及了整个潜能。但是，你的这些习惯是新的，它们还有些脆弱，在过渡期还需要细心呵护。因此，为了护卫已经取得的进步，你必须明智地行动，有时候还要强制性地行动。

“维护期”是巩固成果的阶段，它和“行动期”同样至关重要，也需要积极行动。为了确保成果不会受到损失，你需要巩固新的基础。你的生活安排必须支持你的改变。新的习惯犹如花园里脆弱的嫩苗和新生的婴儿，需要特别呵护，因此，培育和保护是“维护期”的主要任务。

在本章中，我们将讨论如何巩固成果，介绍强化成果、预防故态复萌的技巧。讨论的问题包括：应对可预见的或不可预见的挫折；保持正轨；吸收并管理改变的成果；控制改变节奏，保持进度；应对快速改变；解决进步带来的问题，包括要求的提高。除了维护已有成果，本章还将完成你在“任务 14”中制订的那项计划，加以延伸，进而实现梦想。最后，本章还将分析是否存在努力过度的问题，审视那些暗示谨慎行事的传统警告。

## 挫折不可避免，请用积极心态面对

即使你完成了“15 项任务”，挫折依然不可避免，它是生活的一部分，也是改变的一部分。实施任何计划，总会碰到困难，刚开始培养新技能时，你有过挫折；感觉自己已经取得了真正的进步时，你也会有挫折。

你要为应对“湍流”做好准备，理解它。其实，挫折就是继续成长的养料。你随时都会经历某些挫折。你做什么、不做什么，都可能会带来挫折。挫折也可能是完全出人意料的事情，比如失效的环氧树脂。挫折不只是神经过敏的“虚构”或自我设限模式，也可能是疾病或死亡——换言之，是真正的痛苦。有时候，挫折会源于他人的行为或决定。

如果挫折的根源在于你自己，就要立即弄清楚自己的角色，下定决心突破障碍，然后做出必要的调整。其实，遇到挫折无非两种原因：要么缺乏信息，要么受困于某种固有的自我挫败模式。找出是哪种原因，然后控制自己对这种状况的情绪反应。你可以和别人聊聊你面临的状况，倾诉一下，然后接受事实，而不是一味地攻击自己。攻击自己只会浪费时间，降低自我认知，降低向前迈进的速度。

要有意识地培养乐观的心态[1]、平和的心态，这样你就会更加足智多谋、更有创造力，找到更好的办法解决问题。障碍、干扰、偏离，这些都是生命活力的标志。要从挫折中汲取教训，利用挫折，让自己变得更加强大、坚定。战胜了挫折，就会带来快乐和力量。

如果你经历的挫折源于外部因素，就要向有关的负责人“投诉”，不要觉得不好意思。

▶ 2001 年 1 月 19 日，我信赖的苹果笔记本电脑发生了故障，怎么敲击都没有反应。当时我正在写稿子，2001 年 2 月 15 日就得交稿。可是，电脑屏幕黑了。

问题并不大：电脑里面的电源线接口松动了，无法充电。当地的电脑维修商利文斯通系统服务公司（L2S）告诉我：很快就能修好，最多10天时间，不过电脑必须寄到阿姆斯特丹去修。为了赶上截稿日期，在修理期间，我不得不租用一台电脑。

我决定多付费用，选择“快修”服务——快速诊断，快速评估费用，快速修理。然而，送交电脑后，真正的问题才开始出现。10天过去了，没有动静，3个星期过去了，我依旧没有收到费用评估。我不断地催问，被告知不用担心。可是，我还是没有收到费用评估。我1个月都没法接发电子邮件，因为我租来的电脑也有不明的故障，因此，我没有给编辑发去任何东西，我错过了截稿日期。最后，L2S公司告诉我，他们马上把我的电脑送去修理，并报出了令人难以置信的维修费。可是，我询问了法国苹果维修中心，得知我的电脑送交3天后就修好了，已经寄给当地的维修商了。

除了过分地拖延外，有些问题我也必须查清楚。我发现，L2S公司没有给我出具书面的费用评估报告，就将我的电脑送去维修；报价也高得离谱，完全够买一台新电脑了；现在还假装电脑并未寄出，强迫我支付高昂的往返邮寄费。我拒绝“赎回”电脑，在给位于加州库比蒂诺的苹果公司总部打去几通电话后，我的电脑才被“释放”了。

终于触摸到我的电脑，我特别开心。可是，我拿起电脑，发现它还是无法工作。送去维修时还能勉强工作的电源线，现在却被完全损坏了。

即使愤恨难平，如果一直发牢骚或自怨自艾，那只会浪费你的精力，于事无补。不要抱有受害者心态，它是一个陷阱，对某些人具有不可思议的诱惑力。要更加明智，继续创造真正属于自己的生活。要轻装前行，让别人愤怒去。

如果发生的问题没有办法解决，比如所爱的某个人去世，那就要寻求支持、发泄悲痛、倾诉情绪，然后继续前行。找到支持你、支持你的成果、支持你的新生活的人。改变的道路上，你会不断地结识很棒的人，要向这些人寻求支持。

挫折当然会拖慢进步的速度，至少会延缓计划的实施。你想到达那里，但一直还处在这里。不过，要记住：就总体进步而言，这些挫折可能并不算挫折。要提防缺乏耐心，不要屈服于它的破坏性力量。只要有梦想，就会碰到挫折和延缓。好在缺乏耐心这种事情是可以解决的。从某种程度上讲，生活本身就是“老师”。有些事情，你是无法控制的，要同它们和平相处。

做事按部就班，没有奖赏，这固然缺乏乐趣，但不管发生什么事情，都要学会做好自己的那部分。而且，你不必得到想要的一切，也不必喜欢生活中的一切。有时候，你必须坚持，无论是否喜欢做某件事，无论是否拥有满足感，都必须坚持到底。生活有时会给予你奖赏，有时会给予你惩罚，你不能只生活在高处。这就是生活！

一旦战胜困境，胜利就会到来。面对挫折仍坚持努力，你会更欣赏自己的能力，你会感觉自己更强大、坚强和优秀，你甚至会更加喜欢自己。

## 保持正轨，拒绝偏离

“维护期”的一个核心任务，是在发生新情况时仍然保持正轨。除了准备应付令人讨厌的意外“惊喜”外，保持正轨还有多种层面。但丁《神曲》中的叙述者一开始就说，人到中年，惊觉自己误入歧途，于是他悲叹道：“我不知道自己是怎么进去的，就在睡意蒙眬中，我偏离了正道。”《绿野仙踪》中的桃乐茜和朋友们寻找奥兹巫师的旅程虽有波折，但进展还算顺利，直到他们误入岔路，在罂粟花丛中迷路，然后晕倒。醒来后，他们走回正路，重新出发。荷马史诗《奥德赛》中，奥德修斯的士兵们误入“忘忧国”，忘记了自己的任务。这些人都是在迷糊之中偏离了目标，几乎没有察觉，只是一时走神，没有明显的原因。

文学作品和神话故事中的这种曲折情节非常普遍，完全可以表达人存在的普遍性、人生经历的某种真理——人性的某种本质，人生旅途的本质，根植于潜意识里的某种东西。误入歧途后，我们必须觉醒，否则就会一直待在那里，忘记目标，不做努力，最终陷入困境。

正如前面所提及的，爱默生在其日记中提到，那些分心之事让他脱离正轨，是“随意的好奇心”偷走了他的时间。它们随时随地都会突然蹦出来。34 岁的他还痛苦地写道，他日渐衰老，身边的朋友即将死去，他还没有找到资助者。

“维护期”的部分任务就是坚守任务。这意味着你必须知道自己的任务，随时盯着任务。

即使你雄心勃勃，可能也会注意到，实现某些目标的时间往往超出你的预期。其中的一大原因就是偏离了任务。在这一点上，你并不“孤独”。众所周知，计划专家们——建造洛杉矶地铁系统、建造悉尼歌剧院、连接英国和法国的海底隧道的人——都低估了工程时间和预算。这种对完成目标过度乐观的倾向，被称为“计划谬误”。[2]

对于“计划谬误”的原因，标准的解释是：一厢情愿，缺乏现实考虑。给出的解决办法是：更现实地考虑，延长预估的工程期限。这种解决办法，就像是为长期目标设定期限，你会无谓地延长实现目标所需的时间，因为紧迫感越低，进度就越慢。更好的解决办法是：改变用于完成计划的时间的利用方式。每天坐下来工作时，就要知道这个时间段要用来做什么事情，而且一定要完成这件事情。开始工作前，可以先做下面这个简单的练习：

□提前5分钟做视觉化练习，“看见”自己有条有理地收集所需的材料和资源，想象自己开始工作，最终完成了这项工作。

研究表明，开始工作前做这种“欺骗性”的简单练习，可以提升效率、保持正轨，从而极大地提升保持进度的能力。

偏离进度，有两种明显的方式：推迟开始（拖延）；分心（偏离航向），不完成计划在该时间段内完成的工作。“5分钟视觉化练习”可以有效地解决这两种脱轨情况。

此外，还要采取如下步骤：

□开启“全力以赴”模式后，在你的“时间轴”图表中增加一个新的区域：从当前位置延伸至某个你认为梦想会实现的不确定的时间点。不要占用额外的时间，把它作为有效的“幕间休息”。把这个时间表置于已经创建好的“人生时间轴”下方，就像是照片细节的放大图。这样做，随着“全力以赴”模式的开启，“时间轴”中的当前时段就会凸显出来，变得更加清晰。

设定与实现梦想相关的所有具体计划的完成期限，但不要设定梦想实现的期限。在这个“细节放大图”里，要让日期保持公开状态。你的“时间轴”会帮助你记住时间，同时让你保持现实的紧迫感。

为了生存，人类对眼睛看见的信息会做出强烈的反应。理解某件事情时，我们会说“我明白”（“I see”），因为此时的理解就和视觉一样直接、可靠。我们不再处于“黑暗”之中。我们用眼睛直接看到的某个东西，往往也会在理解层面“看见”它。你的“时间轴”是一个强大的工具，它以图表的形式呈现，让你“看见”概念上很复杂的东西。另外，“时间轴”有助于理解大多数人都惯常忽略的东西——时间的流逝。

我们说要注意时间，其意思是我们必须在某个时间到达某个地点。但是，时间“大扫除”往往会让我们大吃一惊，仿佛有人深夜潜入家中，重新布置了家具。虽然我们能见证自己日益衰老，看着孩子们一天天长大，但这些变化都是渐进的，几乎毫无觉察。

“时间轴”的一大好处，是帮助你“看见”时间，更有效地估量时间。按期完成任务，可以带来诸多好处，其中之一就是提升自信和可靠性。每天看看“时间轴”，你就会清楚自己离目标还有多远。

□每个月做一次这个练习：设定一个期限，在这个期限内比平常做更多的事情，即使需要熬夜，也必须按期完成。我知道，你上大学时曾经这样做过。但这次你是刻意为之，以提升你因为紧张而集中精力努力完成任务的能力。

做出承诺并信守承诺，这是成就大事的根本。不做出承诺，你就认为自己不可信，也就不会把自己说的话当真，这会削弱你的力量。也许，你未能按期完成任务，或者违背了自己过去的诺言，因而削弱了自己的力量。那么，你要利用这个练习，创建新的人生轨迹。

但是，增加额外的工作，要特别谨慎。刚跨过“分界线”、开启“全力以赴”模式的时候，你会注意到自己突然出现“过度工作”的倾向。这是自我挫败的陷阱，要努力加以避免。过度工作，往往是因为工作效率并不高，这会为放弃努力制造借口，所以你一定要保持节奏。

要确保生活中充满快乐。许多在生活中缺乏快乐的自我设限高潜能者，他们完成“任务 1”（积极练习），比写下自己的负面特质更为困难。另外，刚突破固有的自我设限障碍时，有些人对工作会感到非常兴奋，借着这股兴奋劲儿，他们往往会熬夜，变得疲惫不堪，然后接连几天都表现得很糟糕。尽情享受新生活，但要保持平衡。不要等到“熄火”，再来抱怨：任务不可能完成，或者你生来就不是成就者。这样做，无异于自找失败。

还有持续努力的问题。我见过有些自我设限的高潜能者（通常是“昙花一现者”），他们声称，先好好休息，然后高强度地集中突击，效果最好。对于这种方法，我表示怀疑。不过，每个人是不同的，可以试试多种方法，找到适合自己的平衡点。这个平衡点也绝非“神圣不可侵犯”，它是可以改变的。这个月对你有效的做法，下个月也许就没有效果，你需要做出调整。

最重要的是，要根据你精心制订的计划（你的蓝图）进行工作。你可以改变计划，但不能心血来潮或毫无根据。

即使有了这些步骤，也容易丢失很多时间，你会不断地大吃一惊。马塞尔·普鲁斯特的小说《追忆似水年华》中的叙述者说道：“理论上讲，我们知道地球在旋转，但实际上谁也无法察觉，我们脚下的土地似乎并未转动，我们的生活并未受其干扰。我们生活中的‘时间’也是如此。”

要保持正轨，就必须“照看”好时间、安排好时间。此外，还必须在问题出现前随时采取预防措施。

## 防止故态复萌

还记得我的那位理疗师吗？我背部受伤后，他给出的治疗方案是每个新动作重复 6000 次。他希望我能熟练完成这些新动作，不用想就能自动做出来。他希望我“超量学习”，直到它们变成机械动作。事实上，“超量学习”是需要一段时间的[3]。

你必须认定：不管出于何种原因——生病、固有的自我挫败行为重新涌现、碰壁、能量耗尽——没有完成日程安排，并不意味着你就失败了，或者有了放弃努力的理由。如果你感到激情减弱或出现自信危机，请不要惊慌。你的新行为刚刚建立，还没有经过“超量学习”的检验。

除此之外，防止故态复萌还有其他技巧。例如，“策略性家庭治疗”的医生们已经开发出了一种方法，通过刻意安排“故态复萌”，专门解决固有模式的复发问题[4]。具体做法是：家人提前选好日子，故意重新“表演”固有的负面模式。如果家人过去因为女儿的“宵禁”问题发生争吵，常常摔门、吼叫和生闷气，那现在就刻意地重新“表演”这个桥段。旧模式与有意选择并刻意表现以前的负面行为之间的怪异并置，会产生明显的对比效果，使旧模式成为令人难忘的荒谬闹剧。我强烈建议你做下面这个“改版”练习。

□连续3个月，每个月找一天，刻意想出自己最糟糕的那些“退而求其次”的行为，然后重新“表演”一次，甚至可以夸张一些。“表演”15分钟，留意自己会有什么感觉，看看自己过去是如何限制自己的。过去的那些路径依然存在，留意自己重走老路会有什么感觉，然后把它写在笔记本上。

既然挫折、过失甚至是可怕的“故态复萌”都是进步过程中的正常现象，那么，通过这种方式去面对它们，就有助于识别其本质：它们都是“超量学习”的固有行为，不适当反省，就会自动地迅速蔓延。

刻意地故态复萌，可以增强你的意识，让你准备好应对可能出现的故态复萌。这个练习可以帮助你在故态复萌时更快地“掐断”它。同时，“预演”不但会降低故态复萌的持续性和严重性，还会降低其发生的概率。某个固有模式会因为特定的事件而被激发。故意

“表演”该模式的这个练习，有助于你在该模式再次出现时更快速、更有效地应对。

防止“故态复萌”的另一版本，来自有关在高危复发环境中如何保持吸烟和酗酒“戒断”的研究[5]。例如，要求一个想要戒酒的人在心里“预演”一遍在“超级碗星期天”比赛狂欢时如何应付朋友们劝酒。通过这种“预演”，可以提升抵御诱惑所需的那些技能。

□每天做下面这个练习，坚持 1 个月，今后只要觉得有需要，就去做。

选择“自我评估”练习中确定的某条“逃跑路线”，然后做视觉化练习：想象自己以前用过的、可能还会再次使用的该“逃跑路线”的 3 个场景，然后在心里逐步“预演”积极的替代行为。

经历挫折的时候，你可能会选择后退、放弃任务。其实，不用反应过度，事情没那么复杂。你要振作起来，从失败中学习，做好准备，制订计划，下定决心，然后重新开始。必要时可以“另起炉灶”，调整计划，关闭以前的那些“逃跑路线”，或者设立新的成长目标。但不要拖延，不要放大挫折的影响。你要知道，恐惧会在逃避“真空”中迅速“繁殖”。所以，你要使用这种策略：跌倒后迅速爬起，回到马背上去。

经历挫折时，要向你的“后盾”或“后援团”寻求建议。他们会告诉你，他们也曾失败过。那些不愿意从失败中学习的人，会浪费重要的机会。

## 把新问题当作新的学习机会

当然，进步本身也会带来问题。我们在前面已经提及，但在此还得再说一遍：利往往包含着弊，优点常常包含着相应的缺点。比如，你的身体素质让你在古典舞上大放异彩，但同时也限制了你在相扑上获得成功的可能性，反之亦然。爬得越高，离地面也就越远，而地面有时候看上去并没有那么糟糕。

“我喜欢曼哈顿。曼哈顿节奏很快，非常热闹——随时都有事情发生。”这个句子，用某种口吻读，你会体会到曼哈顿迷人的一面。换一种口吻重读这个句子，一字不变，传达出的却是曼哈顿让人厌倦的一面。曼哈顿的长处也包含着短处。曼哈顿有其独特之处，也是许多人偶尔寻求慰藉的地方。这个城市能提供很多好处，同时也会提出诸多要求。

人生也是如此复杂。每种境遇、每个选择、每个打算都是利弊相伴，进步的同时也会带来负面影响。要把进步视为“交易”：用新的、更具诱惑力的问题交换令人厌烦、毫无趣味的问题。“新游戏”比“旧游戏”更有魅力，但你永远有无法解决的难题。

▶ 塞巴斯蒂安，39岁。他在当地剧场表演过几部话剧，后来在当地制作的一部电影中扮演了一个小角色，他发现，出演这部电影，让他产生了种种困惑。

他对表演充满激情，但他觉得职业表演似乎不大可靠，收入不大稳定，因此，他早就不考虑把它当作事业去追求了，只是作为业余爱好。他还鄙视好莱坞式的电影表演，认为它缺乏艺术成就。现在，他的电影表演获得好评，他感到高兴，但也面临着从未预料到的职业危机。

你要实现目标，就必须按照合理的步骤去进行，不断观察、修改，一点点取得进步。实现目标后，你必须应对各种后果。这些后果的积极面远大于消极面，但你也会遇到从未预料过的问题。

有一个很棒的故事：一个老人的马跑掉了，邻居和仆人为他的不幸惊呼悲叹、深表同情。他只是回应说："祸兮，福兮。"过了不久，仆人告诉他，真是幸运，他的马跑回来了，还带回来许多优良的野马。对此，老人回答说："福兮，祸兮。"不久，老人的儿子在驯服野马时跌倒，摔断了一条腿。邻居和仆人为他的不幸惊呼悲叹、深表同情，但老人只是说："祸兮，福兮。"后来，军队来到小镇，将年轻人都抓走充军，但他的儿子因为腿断了而得以幸免。你知道老人肯定会说……

成功肯定会带来"并发症"。在某个方面做出巨大的改变，其他诸多方面也会同时发生改变。你生活中的某个方面发生巨大的变化，肯定会影响到其他方面。人就好比一台"机器"，是由错综复杂的系统组成的，一个系统发生改变，其他系统肯定也会发生变化。改变的节奏较慢，留出的调整空间就大，进步的副作用也就不会那么大。

假设你想读完有关意大利文艺复兴艺术的所有书籍，这个目标是你的个人目标，你不需要仰赖别人，也不用分解成许多繁杂的步骤。即便如此，实现这个目标也会改变你，只不过改变的过程非常缓慢罢了。欣赏到艺术之美，你的内心不可能不发生变化。此外，实现目标的过程也可能会给你带来快乐或烦恼。为了读懂只有意大利文的书籍，你可能决定学习意大利语。为了亲眼欣赏那些艺术作品，你可能决定去意大利旅游。为了得到书籍，你会接触图书管理员、书店老板、艺术史特别是意大利文艺复兴艺术史领域的专家。结识这些人，和他们交谈……这些都会给你留下深刻的印记。而且，你的行为越来越难以掩藏，因为你还得接触更多的人，你在圈里的名气也会越来越大。随着你的意大利文艺复兴艺术知识日益丰富，人们会寻求你的意见，这种变化甚至会改变你的人生。

成就越大，要求就越高。成功会带来更高的期望、更大的责任、更严格的“监视”，这就是成功的代价。

其实，生命初期，你不会害怕改变，也不害怕更高的要求。所有的孩子随时随地都在发自内心地追求自己想要的东西，尝试、掌握新的技能，独立行事。从一个不到半岁的婴儿身上，我们就可以观察到这些行为。

每天晚上，我把大女儿放到床上，我做的最后一件事情是拉下悬挂在婴儿床上方的音乐盒的拉绳，播放轻柔的勃拉姆斯的《摇篮曲》。刚出生的时候，她使劲儿伸出小手，也无法够着拉绳。随着时间的推移，她能够着了，伸手摇晃拉绳，动作越来越熟练。

她第一次拉下拉绳，音乐盒响起美妙的音乐，她兴奋得全身颤抖。她陶醉于自己的成就，一次次地拉下拉绳。此后的每个晚上，拉下拉绳的人自然都是她。

如果我当初把音乐盒放在她的手上，她还会如此兴奋吗？答案肯定是不会。她的快乐源于自己够着了拉绳。只有经过不断的努力，坚持练习，直到最终独自完成任务，才会感受到这种快乐。通过伸手去够拉绳这件事，她学到了可以通过自己的努力获得成功这个道理。

你过去选择退缩，逃避要求，这是过去，现在不必再如此。不射门，肯定就不会把球射丢。可是，有人说“比分接近，传球给我”，做这样的人会怎么样？感到害怕，意味着你正在远离舒适、熟悉的地方，你在提升标准，想迈向更高的层次。面临风险，你会害怕，但要取得进步，就必须承担必要的风险。

提升知识和技能，追随自己的兴趣，这是进步的必由之路。但要保持依赖性、独立性和要求之间的平衡，则需要智慧和不断的努力。想让你的人生有所成就，就不能一味地走捷径，而是必须接受日益增加的要求，这就是进步的代价。

几年之后，我的大女儿长大了，不再睡在婴儿床上。一个星期天的晚上，我从农贸市场买回一袋橙子。她看到我压下榨汁机的手柄榨橙汁，就想试试，很快她就掌握了榨汁程序。学会这项新技能，她感到非常高兴，提出要完成榨汁工作。接下来的三个早上，她都主动去榨橙汁。

看到她对榨橙汁如此感兴趣，于是，第四天早上，我问她是否愿意把榨橙汁作为她的家务劳动。我帮了倒忙！家务劳动是强制性的、令人讨厌的，她立刻就失去了兴趣。榨橙汁作为自愿的任务，她会喜欢。一旦加入责任或要求，事情就变了。此时，责任就是负担，是她选择逃避、不会喜欢的一种要求。

提升知识和技能都需要承担责任。期望的提升，是你必须习惯的另一个改变。获得新知识和新技能，就要接受新要求，不能长时间地对这些要求感到害怕，拒绝它。这是一个过渡阶段。与过去相比，现在的你能力更强，你愿意延展自己，接纳甚至欢迎新的期望，正如你人生的每一次成长那样。

你拥有所需的一切，能从容应对新的要求。不要担心人们的期望高于你的想象。要取得进步，就必须接纳这一点。

职业网球运动员林赛·达文波特（Lindsay Davenport）在经历了缓慢而持续的崛起过程后，成了世界排名第一的网坛名将。从参加职业网球巡回赛到大满贯赛事，每一个阶段，她都告诉自己：要充分发挥那个阶段的实力。

▶ 弗雷德，45 岁，公司高管。他觉得自己知道克服公共演讲障碍后是什么感觉。最近，他做完一次演讲，听众起立鼓掌致敬，但他对于演讲成功后的感受与想象中并不太一样。一段时间以来，尽管他的演讲效果都不错，但他依然坚持认为：公共演讲对他来说是一件困难的事情。

弗雷德的问题在于，他不是在满足他人的期望，而是在满足自己的期望。他曾以为，如果他是一个成功的演讲者，就会觉得自己超凡脱俗，内心很平静，很有自信，会消除所有的焦虑。毫不奇怪的是，虽然弗雷德承认自己取得了进步，但他的感受与其预期的并不相符。他需要更长的时间才能接受自己的进步，因为要接纳成功，就必须放弃明显不切实际的期望。在某种程度上，这种期望是自我保护的减压手段。只要继续认为自己离目标还有距离，就不会有那么大的压力。

要学会将新的问题视为新的学习机会。不这样做，你对问题的理解就是肤浅的，就不会创造性地去应对，还会感到震惊。经过适当的反思，你就会“解锁”需要学习的东西。

## 意外的成功来临时，接纳它

意外的成功同失败一样会令人不安，尤其是成功来得太快的时候。如果你不是一步步取得成功的，你就没有可以容纳成功的“框架”。你可能听说过关于彩票中奖者的一些报道，他们对于意外之财很不习惯，为了逃避由此产生的期望，选择将奖金挥霍一空。在任何领域，突然的转变都会让人猝不及防。

退缩或竭力控制，都不是解决办法。如果你发现某个改变极具威胁性，因而对自己严加束缚，那你就错失了迈向新方向的机会。毕竟，逃避就是逃避，选择逃避，就更难接纳改变。要谨慎选择你希望做出的改变，以获得某种控制感。

▶ 史黛西没有想到，开始制作舞蹈纪录片后，她感到既兴奋又恐惧。突然之间，人们就把她当作严肃艺术家。听过她的拍摄计划的电影专业学生，也向她征求意见、寻求帮助。她从没想到会有那么多的要求，不得不调整日程安排。她还注意到，在交谈中，人们称她为电影制作人，这让她感到很纠结。她喜欢这个身份，不过心里无法接纳它。

在新的领域取得成功的时候，必须整合你的自我认知。在新领域里实现目标和梦想，你的才能就会有不同的意义。有天赋是一回事，获得成就是另一回事。

意外获得成功，你可能会反射性地产生抗拒，有想回归更熟悉的先前模式的冲动。感到意外时，为了保护自己，你会退缩。如果你的目标涉及某些会引起外界关注的活动，或是成功可能突然到来，最好做好应付麻烦的准备，以降低自己受到冲击的概率。如果改变来得太快，那就要做足准备，撑过不适期，并保持航向。否则，你就会抗拒成功，想办法破坏成功。

开始改变的时候，你的自我认知必须跟上并适应自己新的能力，否则，你就会经历“彼得效应”。改变来得太快，就很难控制，很难适应。如果你认为幸福生活就是没有烦恼的生活，那么即使你成功了，也会感到失望。记住，不要抗拒、停滞或恐惧。如果失去了控制力，也要继续坚持，沉着冷静，回到计划中去。

▶ 西尔维娅，31 岁。她没上过大学，怀疑自己的智力。她在一家汽车租赁公司工作，获得晋升，却感到困惑。她从汽车租赁员很快晋升为区域主管，负责租赁汽车的转售业务，但她认为自己的成功是侥幸得来的，是不应该获得的，和自己过去的经历不吻合。

参加公司的会议和活动时，她总是感到害羞、拘谨，因为她害怕一不小心就暴露了自己没上过大学的事实。她开始逃避这些场合，人们也渐渐忽略她。别人关注她或不关注她，她都认为是自己有问题：如果没人关注她，那是因为自己不值得关注；如果有人关注她，可能是因为自己的言行犯了什么错。最糟糕的是，别人对她好，她就认为他们是在同情自己，是在恩赐。

西尔维娅对自己的认知，未能跟上新的变化，她经历了“彼得效应”。不久，她发现自己出了状况——例如，不太会和管理层合作，迟交报告——不但阻碍了她升职，还辜负了之前老板的信任。

如果改变来得太快，你会受到冲击或打击。你还没来得及从一个改变中恢复过来，下一个改变就到来了。你无法吸收它们，只能对它们做出反应。这种效应，就像是拳击比赛中的连续击打。对这种猛击毫无准备，任何人都会感觉无力控制。

快速改变的负面后果，很多都是因为没有足够的时间进行反思，就必须做出某个选择。快速改变对你的挑战在于：在很难保持控制力的时候，你需要更多的控制力。你无法等到自己进入状态、想清楚后再进行选择，因为你没有足够的时间。尽可能提前做足准备，这样的话，你就会比彼得拥有更好的适应能力。虽然你不能预料或控制未来的所有可能性结果，但你可以提前做好计划。

首先，如果别人对你的要求不断提高，请记住：这是你的人生。面对别人的要求，你要设定达到要求的节奏。不要让自己被成功吞没，不要用别人对成功的定义来否定你。同时，要留意你对自己的要求和期望，确保它们是现实的。要有条理性，让自己有时间充分享受新的生活。不要脱离自己的愿景或目标，当意外到来时，为了保持稳定，要同你的“后盾”和“后援团”进行联系，寻求他们的意见。要把你的计划放在心中最重要的位置，并持续推动计划。

其次，要把外界对你的梦想或目标的看法放在第二位，把达到目标所带来的本质回报放在第一位。虽然是明显的事情，但我还是要说：大众的意见是反复无常的。一下子被大众意见“捧”得很高，摔下来时会很惨。如果你将大众的意见当作自己的成功价值的衡量标准，那你肯定就会摔得粉碎。

除了这些常见的准备，还可以通过下面这个简单的练习，为快速改变做具体的准备。它也是视觉化练习，不过这次的重点是提前找到解决办法并加以练习。

□认真思考“塞翁失马”这个故事所蕴含的关于成功的两面性。想象自己快速取得了某种成功，然后想象其可能带来的各种结果。在心里“预演”成功或改变是如何发生的，你如何满足新的要求。“看见”自己正在完成这些步骤，包括放慢速度，向你的“后援团”或其他顾问寻求建议。

在笔记本的专门区域写下你“看见”的一切以及采取的行动，这是“预演”自己的反应、记录解决办法的另一种方式。

## 从小改变开始，不断进步

实现梦想所包含的其他目标，也需要细致、全面的准备，也需要下定决心去努力——不管你是否怀疑自己的才能和技能。从小变化开始，不断练习，咬牙撑过不适应、感觉笨拙、似乎毫无进展的阶段，然后加快速度。

取得进步的关键在于：不是彻底改变你的整个生活或制定详细的改变清单，而是对那些具有全面效果的日常事项进行细微的修改。比如，麦克斯使用闹钟。这个小小的改变，就增强了麦克斯内心的力量，让他有机会锻炼自己的意志力，从而打破了自我设限模式，增强了实现外在目标的信心，同时使他能保持开放心态，接纳改变。

努力实现外在目标（比如史黛西的照明设计计划），反过来也会引发内在变化。在为合唱队表演做照明设计的过程中，史黛西提升了自己的知识和技能，增强了自信，极大地强化了她的信念：面对挫折，她能够继续工作。

做任何事情——捏泥团、做数学题、完成木雕、种植有机作物、解决商业问题、打篮球——都需要专注和意志力，这些能力都是在完成过程中培养的。正如锻炼身体可以提升身体机能一样。

努力、跌倒，然后站起来重新战斗，就会获得有助于实现新目标的技能，就会拥有新的自我感觉。不断重复这个过程，不断提升技能，很快你就能够应对并做完过去害怕做的事情。至此，你有了好势头——一种强大的力量。完成一个计划后，要充分利用这种力量，进入下一个计划中。

不管你的下一个计划是什么，都要制订总体计划，并把它分解为一系列的任务和行动步骤。你制订的总体计划要包括下面这些任务，然后想象自己是如何一步步完成这些任务的。最后，将每项任务都分解成确定的、可控的行动步骤。只要严格遵循这种做法，你的梦想迟早会实现。

1. 坚持积极练习。每天留出 1 个小时，坚持积极练习。出现干扰时，一定要坚持“5 分钟法则”。

2. 强化决心。利用视觉化练习，进一步强化你的决心，“看见”自己完成各个步骤。千万不要放弃这个练习。

3. 绘制时间轴。时间轴是视觉化的路线图，你可以清晰地“看见”某个计划是如何融入你的生活的。

4. 进行自我评估。这是高危时刻，在这个时刻，你可不能欺骗自己，为了保留不必要的限制行为而虚假地评估自己。你应该评估目前的技能和自我挫败模式，明确陷阱和“逃跑路线”，制订应对计划。将以前的和现在的自我评估答案进行比较，你可能会发现，以前无关紧要的某件事情，现在因为新的要求而显得非常重要。

5. 杜绝自我挫败行为。加固薄弱环节，制定应对措施和备用方案。替换掉所有残余的自我限制习惯，关闭“逃跑路线”，制订详细的备用方案，强化主技能。

6. 整合资源。有组织地整合资料、工具和其他资源。建立提供技术支持的人力资源“后援团”。如果你想让某个人成为你的“后盾”，那就要根据自己的经验和他以前给过的建议做出选择。

7. 弥补不足，参加完成这个计划所需的辅导课程和高级培训。

8. 打造物理环境，掌控自己的时间。根据任务需要，对工作空间进行改造。严格掌控自己的时间。严格遵守日程安排，同自己约定好重要活动的期限，为你的“改变运动”系统地投入必要的时间。

9. 设定现实的长期目标和短期目标。

10. 开启“全力以赴”模式。

随着目标的实现，你曾经认为不可能的事情，逐渐变成你日常生活的一部分。你找到了适合自己的提升效能的方法，不过，随着你继续前进，你可能也想尝试下面列出的这些高级工具。设计这些工具的目的，是提升你的努力程度和专注度，为你提供更为强大的战胜自我设限模式的方法。由于这些工具过于“强效”，所以你要谨慎而有节制地使用。

**极限目标**

极限目标犹如“破碎铁球”，能击碎任何残余的自我设限信念与内在结构。设立极限目标，既有“不可能的”时限，也包括“全力以赴”模式的那些因素。通过极限目标和高强度的日程安排，你可以突破低效的模式，摆脱旧有的限制性思维方式。如果你很难完成某个行动步骤，或是某个练习活动陷于困境，那就缩短原计划的时间，强迫自己在新规定的“不可能的”时限内完成。

▶ 梅雷迪丝，28 岁。即使完成了“15 项任务”，开始取得巨大的成功，她仍然保留着某些自我设限行为。对此，她起初并没有意识到。例如，她继续毫无效率地做某些事情，因为她认为这些事情“天生”就很困难，她无法很快完成。她这样做，是在拉上手刹开车。

她特别提到，她花了太多的时间来处理电子邮件，但又觉得提高效率是不可能的。我要求梅雷迪丝在“不可能的”时限内处理完电子邮件，于是她把原先所花的时间缩短一半。6 天后，她跟上了这个新的时间安排，节省了一半时间。

设定极限目标和“不可能的”时限，虽然可以突破过去的自我限制行为，但这个工具不适合于生活。要有策略地、有节制地使用这个工具，否则，你就可能会“过度工作”。

▶ 利夫顿终于开始认真地写小说了。他认为，要实现这个拖延已久的目标，过程一定是艰难而痛苦的。他知道，这个想法仍然阻碍着他前进。毕竟，这个目标他曾拖延过。

利夫顿进行了试验：为完成某些章节的初稿，他设定了严格的极限目标和“不可能的”时限。他开始通宵熬夜，有一次连续写作33个小时都没有睡觉。他发现，偶尔设定这些时限，让他成功地突破了过去的某些障碍。他明白，过去的许多困难和理由都是自己想象出来的，这些阻碍了自己成功。

利夫顿的选择只属于他自己，我不建议你也采取这样的极端做法。你甚至可以咨询你的医生，问问设定极端时限这种方法是否可取。比如，如果第二天必须开车，那在任何情况下，晚上都不要熬夜。你还必须明白，这个工具只能有节制地使用，不能持续地使用。

虽然你不必像利夫顿那样走极端，但我建议你试试降低要求，缩短“不可能的”时限。如果你决定要完成一份报告或更新自己的简历，那么，通过这段时间的高强度工作，以往认定自身能力有限的看法就会被改变，结果就是效率提高、信心倍增。

**利用拖延的力量**

你以前虽然拖延，但最终还是完成了某个重要的计划，那你在完成这个计划时，可能就会体验到一种全神贯注、思维清晰的感觉。有些自我设限的高潜能者对这种感觉非常上瘾，他们把拖延变成习惯，就是为了体验这种特别高效的思维状态。

拖延当然是陷阱。你没有及时着手实施某个计划，把事情拖到最后一刻，时间快到了才完成计划。完成计划的那一刻，你也许感到如释重负，但开始实施计划前你会感到很焦虑。除了将拖延作为一种自我设障行为（“在我工作的时间段里，我做得相当不错”）外，有些高潜能者还将拖延当作追求完美、避免“空转”的理由。虽然拖延可以激发高度注意力和创造力，但它归根结底是自我挫败行为：你的创造力本来可以使你产生很好的想法，但由于没有时间，你的计划就无法用上这些想法。你可能会得到凑合的或不错的结果，但你无法达到卓越的程度。

不要拖延，任何时候，只要坐下来工作，就要采用“极限目标”方法，利用其带来的注意力和效率。

□为不会马上到期的计划设定一个提前的、强制性的极限截止时间。如果计划一周后到期，就把截止时间设定为明天中午。然后，高强度工作和放松休息交替着进行，直到如期完成计划。强迫自己如期地、高质量地完成计划，然后停止工作，放下计划。24 小时后，再回去修改、完善和提升，同样要为这些工作设定一个提前的、极限的截止时间。然后，再次放下计划，休息。不断重复这个过程。不要排斥这个方法，认为“它不会有用的，因为我知道这没有真正的期限”。按照常理，你会为自己第一次的表现感到吃惊。如果没有的话，就完善这个方法。

使用这种方法，你开始工作前，要回想自己此前为了如期完成计划而高强度地、全神贯注地工作的经历。仔细回想所有细节，留意自己的身体感觉和心理状况。然后，维持这种身体感觉和紧迫感，把它们带回到现在的状态中，开始做眼前的工作。

▶ 杰里米，29 岁，“宁缺毋滥者”。他发现，使用这种方法，他完成销售业务接洽工作和相关文书工作的效率都有了提升。他发现，高强度工作期间，厌倦感消失了。以前，他推迟到最后一刻才处理业务信函；现在，他当天就会立即跟进，限时5分钟内完成。总之，他的工作效率和写作水平都有了突破性的飞跃。

试试将计划的限期提前并如期完成。提前限期，就会激发你的斗志和“背水一战”的决心，又不会带来负面影响。

这种效率和状态所带来的成功绝对是真实的。除了改变你自己、改变你的生活，还会改变你的人生方向。

▶ 弗里茨的计划发生了意外，环球航行前，他得买一艘船，还需要一笔收入来支付航行过程中的各种费用。于是，他招募了旅客，让他们担任船员，并向他提前支付旅费。弗里茨需要挑选船员并监管他们，为此，他必须学会当船长，学会处理相关事务。

到达土耳其后，他对眼前的一切非常着迷，在那里停留了好几个月。他非常喜欢土耳其地毯，接下来的几年时间里，他努力学习地毯知识，成了纺织品代理商，往返于土耳其和美国运送货物。在这个过程中，他拓展了知识面，提升了新的技能。对于每个改变，他都坚持用同样的做法：考虑可能性，决定接下来做什么，然后精心制订计划。

实现了一个目标，就会渴望实现新的目标。但你能走多远？这会有限制吗？

## 消除对未知东西的恐惧

现在，登山队经常攀登珠穆朗玛峰。不过，这可不是在公园里散步，它需要精心的准备、训练以及专家的支持和指导。即便如此，接近峰顶的时候，你仍会碰到各种严重的问题。无论你做了多少准备，你的身体都只适应低海拔环境。在珠穆朗玛峰极高海拔的环境中，人就会产生高原反应，症状迟迟不会消失，可能引发诸多严重的问题。

高原反应的主要症状包括头痛、视线模糊，有时还会流鼻血。其原因是突然从低海拔地区移动到高海拔地区——从气压和氧气浓度较高的地方移动到气压和氧气浓度较低的地方。随着身体逐渐适应新的海拔高度，大概一天后症状就会消失。在极高海拔地区，特别是珠穆朗玛峰，人们的适应程度有所不同，有些人则完全无法适应。

不管你的改变速度有多快，改变越大，你和大多数人的距离就会越远。不论速度快慢，你都已经到达了"空气稀薄"的高处，可能会害怕孤单。如果你对意大利文艺复兴艺术的理解到了很高的程度，那就几乎找不到可以相互切磋的朋友。不过，不用担心。迈向新的生活，你就永远不会失去真正的友谊。

在"维持期"以及随后的各个节点，都要提防那些微妙的自我设限方式以及伴随进步而产生的新恐惧。有些恐惧似乎早就潜藏在那里，犹如水下的枯木，就等着损害你发动起来的任何巨轮的船体。有时候，恐惧会警告你不要走得太远或追求太多，请不要理会这些恐惧。

几乎每个传统文化中，都有一些故事警告我们，要提防骄傲的破坏性、自以为是的愚蠢行为以及缺乏智慧的野心、太过冒险、自诩为神或不遵守神谕，这些导致的结果往往是自寻毁灭。

格林的童话故事《渔夫和他的妻子》警告我们：要小心自己的愿望，做人不要太贪心。在东方的故事中，“愿望妖怪”逃出瓶子后就很难再装回去，这同样表明：急躁（希望找到魔法）和缺乏远见会带给我们预料之外或不想要的结果。希腊神话伊卡洛斯的故事警告人们，要小心野心的危险：伊卡洛斯用羽毛和蜡制造了双翼，但飞得太高，靠近太阳时，翼上的蜡熔化了，她跌到地上。俄狄浦斯的故事警告我们，要小心骄傲和狂妄自大的危险：俄狄浦斯想逃离神的预言，但在逃跑过程中弑父娶母，结果预言应验了。在这些故事中，所有的后果都是源于对行动本身的忽视。

我们应该如何理解这些警告呢？它们只是表明，人类对未知、走得太远或飞得太高的恐惧都是迷信。人类的许多恐惧，结果都被证明是迷信。在 20 世纪，人们曾因为时速超过 60 千米的运载工具对身体的影响感到恐惧，后来又因为时速超过声速的运载工具对身体的影响而感到恐惧。还有，“4 分钟跑完 1 千米”也曾被视为不可能突破的极限。由此可见，人们只是对未知的东西感到恐惧。

希腊神话故事说的是，人类的骄傲、自以为是和狂妄自大导致了毁灭性的后果。人不应该想着飞得太高，也不应该逃避命定的结果，因为人缺乏控制这种力量所需的智慧。

《圣经·旧约》中的故事的明显寓意是，人类拥有无限的潜能，让上帝受到了威胁。稍微了解当今世界或人类历史的人，都不会否认，如果人类的力量和能力被滥用，就会引发可怕的后果。如果缺乏智慧和正义，人类的力量和能力就会被滥用。

没错，我们没有吃到“生命树”上的果实，生下来就注定会死亡。对于这个限制，我们似乎无能为力。但是，长生的意义究竟何在呢？

作为人类，我们难道不能提升自我反省和正确判断的能力，降低自私、偏见和习惯性固守常规带来的风险吗？可以。但是要做到这些，必须非常谨慎、严格自律。

我们得明白，我们的环境是一个系统，我们的行为绝不止会影响到我们自己。我们并不是生活在真空中，我们必须清楚，这个系统的某个部分发生了变化，就会引起其他部分相应的变化。我们必须建立互利的关系。我们必须做聪明的“管家”，既不无所畏惧，也不胆小怯懦。我们必须谦卑地顺从改变，对人生有更加深刻的理解。

如果我们追求的不是外在的力量，而是智慧、个人成长等内在回报，我们的努力就会更有意义、更无私、更没有潜在危害。虽然我们应该注意上述警告，但我们不应对人生设置不必要的限制。要记住凯瑟琳·巴特勒·海瑟薇的人生启示。她愉快地接受了人生中的种种限制，虽然不断犯错，依然勇往直前。要像她那样做——永远是新手，永远乐于学习。

和其他阶段一样，在这个阶段，失败是成长的养料。犯错只表明：为了学习新技能，你愿意拓展自己的知识边界。无惧失败，不但会帮助你继续成长，还有助于防止“故态复萌”，重新回到旧有模式。接受失败，把失败当作成长的一部分，你就不太可能因为挫折而灰心丧气，或者误将挫折当作失败的证明。你要正确看待挫折——成长必不可少的要素——而选择放弃就是可笑的做法。随着智慧的增长，你努力的方向自然就会改变。

# 第9章

# 走在通往梦想的路上

起初，我们的梦想似乎绝无可能，后来，梦想似乎不太可能，但是当我们的意志坚定时，梦想就成为必然。

——克里斯托弗·里夫

你已经取得了很大的成就。你展现了才华，消除了限制，摆脱了自我挫败习惯，培养了主技能，并做出了承诺，要完成一系列重大计划。尽情享受吧，你已经走在通往梦想的道路上了，再没有比这更美好的事情了。接下来呢？还要学习吗？梦想实现后，下一步怎么办？

你的梦想是起点，还是终点，这由你自己决定。无论是坚守某个让你热血沸腾的梦想还是追求新的梦想，只要你决定继续前进，就永远不会缺少带给你满足感的事情。你会过上独特的、近乎完美的生活，围绕某个核心目标所创造的生活。

对大多数人而言，梦想是一个长期的目标。你可能要等到梦想实现后，才会知道是否还想更上一层楼。不过，一旦你行动起来，一旦你习惯了这种舒服的节奏，你可能就想要再前进一步。

这种进步（将生活的各个方面提升到新的高度）就是本章要讨论的内容，我们要看看你接下来的“进化”步骤。在此，我建议你转换视角，无须再做额外的练习或设定新的具体目标，就可以极大地加快你的成长速度。这种视角的转换，就是将人生和生活看成一所学校，你的任务就是目前工作的自然延伸，即把你在实现梦想的活动中所表现出来的专注度放到日常活动中去。我会通过例子来描述这种转换，分析这种新的视角是如何自动提升你的日常活动的标准、如何改变你与日常活动的关系的。本章剩余部分会分析各种让你超越目前的梦想的可能性。

## 你的下一个追求

你来到这个世界，要想独立生存，就需要完成两大任务：了解世界，掌握必要技能。你生来就具有气质、才华和令人惊叹的大脑皮层。从进化角度来看，人的大脑具有超量的能力，其远远超过生存所需。好比是用法拉利跑车来运送邮件，其性能明显超过任务所需。我们的大脑的超量“马力”可以用于何处呢？通过教导和学习，我们就能够出类拔萃吗？我们的内心沉睡着多少所罗门王和爱因斯坦？在西方国家，人们对内心控制、注意力引导还没有给予足够的重视。人们并不常去查看大脑“法拉利”引擎盖之下的东西，因而没有开发出“使用指南”。

人生本身就是一所学校，随时都在上课，而你已经报到注册了。人生具有普遍的要素——出生、衰老、死亡、人际关系、选择关口——此外，人生故事中的随机事件和迂回曲折的情节还会带来更多谜题，犹如一口“高压锅”。你对此如何反应，将影响它们的结局，影响你的“学习”效果，影响你接下来选择什么“课程”。你的意图和目标，加上你如何关注和利用自己的能力，将不断地影响你获得什么、成为什么样的人。如果你善用各种可能性并不断学习，这所学校就是通往自由的通行证；如果你对这些可能性拒而远之，这所学校就是终生监禁你的牢笼，你只能在笼子里消磨时间。

人生的长短无法确定，你的人生只属于你自己，你不必将它归还给某个“租赁公司”，也没有谁能告诉你应该如何度过此生。如果你不学习，就可能会不断地重复采用有缺陷的解决办法。在马丁·斯科塞斯导演的电影《愤怒的公牛》中，由罗伯特·德尼罗

（Robert De Niro）饰演的杰克·拉莫塔是一位职业拳击手，他的坚持不懈带来了短暂的成功，但由于不能适应成功，摧毁了自己的生活。美国心理学家亚伯拉罕·马斯洛对知识残缺问题做出了简明扼要的总结："如果你只拥有一把锤子，那所有东西看上去都像是钉子。"这就是见识和理解力缺陷的"监牢"。作家丽塔·梅·布朗曾经说过："所谓愚蠢，就是一遍遍地做着同样的事情，还认为自己会获得不同的结果。"杰克·拉莫塔用他的拳头拼命打拼，成了世界重量级拳击冠军，但他也愚蠢地打走了关心他的人，直到失去了所有关心他的人。最后，虽然他依然站在拳击台上，却孤身一人。

人生学校有着艰巨的挑战、纯粹的快乐、极度的痛苦，有时还有难以形容的恐惧。决定你学什么、学多少、是否学到东西的，是你对人生的一切所做的反应。在电影《缘来就是你》中，年轻女主角深爱的当医生的父亲去世，她的人生因而被改变，独自应对母亲浅薄的价值观。她努力地重新站稳脚跟，放弃了学医的计划，成了一名护士，却生活在后悔和不安之中，后悔自己放弃了机会。不过，这部电影也表达了她自我救赎的希望。

要想掌控人生，你就必须乐于接受人生课堂。将人生看作是一所学校，将尽量学习和理解作为自己的目标。这样，你的人生就会发生改变。

你已经完成了"15项任务"，也就拥有了如何应对未来挑战的模式。你可以根据具体的目标（比如掌控自我），对这种模式进行调整。

人生学校有着丰富多样的课程，某个时刻，你可能希望更积极地追寻它的意义。你可以探寻和征服外部世界，但引导你为此努力的，是你的内部世界。转换你的视角，人生中的任何事情都有可能发生改变。

这种转换包括完善个性或改掉不良习惯。为了获得最佳的效果，你需要不断地掌握各种技能。坚持做下去，你就会受益无穷。但是，要想充分发挥潜能，你就不能止步于改掉坏习惯和弥补弱点。要想远离平庸，你就必须努力让自己充满个性，同时愿意承担追随内心期望所带来的风险。

你可能已经感觉到：要想真正地活着，就必须留下自己的人生印记。部分原因可能是，你也许已经拒绝了过度标准化的道路，但很容易把孩子和洗澡水一起倒掉。最为常见的自我挫败的错误行为，是既逃避令人窒息的、僵化的传统选择，又不迈出步子，积极地为实现愿景打好基础。没有这个基础，你就将自己置于了不利位置。舞蹈改革家玛莎·葛兰姆说，开始真正跳舞前，要花 10 年时间掌握基本功。真正的创造，不但需要才华和技能，还需要磨炼和训练，这种磨炼和训练的目的就是追求卓越。

我在此所说的转换关注焦点，并不需要你做额外的练习或设定新的外在目标。相反，你应该改变对日常活动的关注方式。不要关注未来某个时刻会实现梦想，相反地，要重视每时每刻你所做的一切。要专注于每个活动，把它当作神圣的工作或是表达梦想的重要方式。

有些决定会带来巨大改变。其中一个决定就是：将所有行为都视为与梦想同等重要。一旦开始这样对待日常活动，你就会有所改变。坚持下去，你就会快速成长。其实从某种程度上讲，你改变了对待日常活动的方式，也就相当于改变了对待自己的方式。

如果你总是寻求及时满足，那么你就能得到及时满足。你不用等待，将每个时刻都当成梦想，这样每时每刻都是梦想。将你做的所有事情都视为同等重要，不用分心去仓促完成你所认为的不重要的事情，你很快就会远离平庸。每个时刻都很重要，关注小事，它们就会变成大事，这是温和而慷慨地对待自己的一种方式。每时每刻都变得重要，你的人生也就变得重要。

如果你想把人生当成梦想——把人生当成艺术品——那就将这种新的关注方式运用于不断扩展的活动领域中，看看会发生什么。你的人生会充满活力，一切都会变得更加新奇。追踪任何严肃艺术家的创作生涯，你会发现他们都是自然“进化”的。将人生变成艺术，就是凯瑟琳·巴特勒·海瑟薇所说的“将自我变成诗篇”，你的人生诗篇所表达的内容就会持续地、毫不费力地发生变化。

正如我说过的，任何处方都不会包治百病——没有任何规则会强制你应该如何面对人生、如何表达自己。我经常看见有些自我设限的高潜能者，他们摆脱了人生限制，通过改变关注方式，开始自发地重视那些以前认为是琐事的事情。如果他们过去是站着狼吞虎咽，那他们现在就是坐在餐厅里，取出漂亮的银餐具，慢慢地享受美味。他们将整个人生当成了庆祝盛典。虽然他们看待人生中的平凡之事的方式各有不同，但他们都对生活充满激情，即使是琐碎之事，也视为理想的自我表达。这些行为并非源于不满足或是觉得拥有的还不够多。其实，它们源于这样的一种希望，希望延伸掌控自我的快乐。他们仿佛找到了一种规则：如果追求梦想能让人快乐，那为何不随时随地表达内心的渴望呢?

你也许注意到了，我在这里给出的建议，同我前面将琐碎任务用于练习注意力的工作研讨课之间具有相似之处。我设计“慢速工作，关注身体动作”这样的指令，目的是增强对任务的关注度，把它变成提高工作专注度的一种工具。不管这个任务是做微积分习题还是修剪脚指甲，都要专注。这种新视角会将你的这些任务变得崇高，同时又带给你更多的快乐，完全没有任何明显的副作用。

通过这种方式来推动实现梦想的进程，肯定会带来更好的效果。如果你的梦想核心是精神成长和个人成长，那外在成就就是目标。如果外在成就是你梦想的核心，那你就会关注更为细微的内在方面。现在，你已经知道，我提出这个建议的目的就是弱化内在和外在的传统区别，以便让人生的这几个方面都能提升。

## 提升生活品质需要掌控时间

要提升生活的品质，首先就要考虑人生的一大前提——时间，因为掌控时间是掌控人生的基础。你应该如何对待时间呢？

关于时间，人们最老套的说法是：我没有足够的时间。这仿佛是在说，其他人拥有不同的时间“配给”。然而，这种说法往往透露的是，他们没有掌控或利用自己拥有的时间。你拥有的时间永远不会变化，但你对时间的主观经验会根据你利用时间的方式而产生变化。时间过得缓慢，还是会飞逝，这取决于你的视角。说自己没有足够时间的人，很多都是浪费了自己拥有的时间。他们没有尊重时间，或者不想去正视时间的存在。人们总是对时间视而不见，总想在心里屏蔽时间。

如果你转换视角，认为时间是宝贵的，是有限的而非无限的，必须尊重时间，把时间当成财富，那你的关注重心就会改变。时间是无价之宝，是不可替代的。如何利用时间，就决定了你的人生是什么样子的。这并不是说，你必须做时间的“守财奴”，你可以“慷慨”地对待时间。但浪费时间，也就放弃了一段人生。你不能再把时间当成是可有可无的东西，也不能“消磨时间”。

相反，你要问问你自己：我现在想做什么？什么是最值得做的事情？我想这样或那样花费我的时间吗？我如何度过人生中的这一天、这一个小时或这一刻呢？我如何从这段时间中获得最大的收益？你要有时间意识，以便充分利用时间，获得最大的、最深层次的快乐和意义。

时间意识包括留出闲暇时间，把自己从任务和责任中解放出来，好好休息，或参加娱乐活动。没有闲暇时间，不为充分利用闲暇时间做好打算，你对人生的理解就是幼稚的。

很多人退休后才发现，他们还没有开发出自己的兴趣、才华和潜能，因而有了危机感，不知如何利用充裕的退休时间。提前学会如何利用闲暇时间参加回报丰厚的业余活动，就可以避免这种危机。那么，现在就开始为利用闲暇时间设定标准吧。

就此而论，请仔细审视“打发时间”这个常见的说法。你参加业余活动只是为了“打发时间”，还是想愉悦地利用闲暇时间，不管做什么，都要从中获得最大的回报？请仔细审视“消磨时间”这个常见的说法。如果你的时间就是你的生命，那么消磨时间就是一点点地消磨生命。请认真思考“娱乐”这个概念。你是想从电影、音乐、戏剧等有价值的活动中找到快乐，引发关于人生意义的思考，还是只是为了消遣，去“欣赏”娱乐工厂所“生产”的标准化的、千篇一律的幼稚作品？

问问你自己吧。

如果你拥有让你焕发活力、感到痴迷、领悟人生意义的兴趣宝库，能够把你的业余时间安排得满满当当的，并能从业余活动中得到更深层次的回报，那你就掌握了很好地利用时间的方式。你要利用闲暇时间让自己真正放松，寻求更深层次的快乐，同时提升个人能力。其实，这两个目标是互补的，不是相互排斥的。有很好的图书馆，又有求知若渴的精神和深入探索的决心，你永远不会感到厌倦乏味。

时间还关乎人生的另一个必然——死亡。拒绝正视时间的最隐秘的方式，就是拒绝死亡。人们拒绝正视时间和拒绝死亡的渴望是同等强烈的。如果你对它们一无所知，就会陷入一种危险中——无法反思、评价和做出真正的选择。如果你不珍惜时间，而是把时间随意“奉送”给他人，条件反射般地答应所有的社交邀约或彻夜狂欢，那你就是在出卖自己的时间。如果你总是认为只有那两三种活动能带来快乐，那你就是在“自动驾驶”时间。然而，如果你意识到时间是有限的，自然就会尊重时间。要掌控你的时间——知道自己要去哪里，到达后要做什么。否则，有人打来电话，你就容易分心，或者被他的想法和要求牵着鼻子走。很多传统的教育理念都指出：欲知生，必先知死。也就是说，你的时间是有限的。

一天结束时，你发现自己做了好几件事情，就会感到充实和满足。重视时间，就会计划时间，随时准备利用时间。活得快乐而充实的人，会思考如何利用时间，会从事各种让他们感到快乐的活动，包括学习、玩耍和挑战，他们不会到处闲逛看热闹。相对应的，他们会建立积极的日常模式，消除消极的日常模式。他们会完成事情，就像艾米尔所强调的那样，不会让今天没做完的事情“夺走”明天的时间。

要掌控时间，就要有时间意识。假设你想和朋友玩到深夜，那如何从与朋友相处的时间中获得最大的收益呢？你们当然会吃饭、交谈，但如何提升相处时间的价值呢？如何给所有人都带来最大的回报呢？你要如何及时地结束这个夜晚呢？这并不是要你计划某个盛大的夜晚聚会。从宝贵的时间中抽出 5 分钟来考虑这些问题，就会使 5 小时的朋友聚会变得更加快乐、更有收益。

要实现目标，就意味着要关注时间。我认识一些人，他们白天正常上班，晚上 7 点上床睡觉，就为了凌晨 3 点钟醒来，能够拥有一段安静的、不受打扰的时间。我也认识一些艺术家，他们白天睡觉，半夜 12 点到凌晨 6 点创作。这种时间安排很适合他们。利用时间的目标，是让它适合于你——不只是你的计划和大目标，也包括你的整个生活。

对于生活中不可避免的日常琐事，也是如此。给垃圾桶套上垃圾袋，最好的方法是什么？不管是钉纽扣、擦拭银器还是清洗烤炉，如果你珍视时间的价值，就必须关注时间本身，而不是关注任务。也就是我们前面提到的那种方法，要全神贯注于每个时刻、每个动作。慢慢做，不要分心，你的效率就会提高。这样做，就可以把普通的甚至令人厌烦的任务变成一种乐趣。

关于时间和全神贯注，我还要提醒一点：你需要休息和睡觉。你的生理时钟是非常有节律的。有些人对干扰和变化更为敏感。如果你有睡眠问题，就要留意自己的生理节律，加以调整，养成良好的习惯。晚上定时睡觉，早上定时起床，睡眠质量就会更好。如果你的睡眠时间完全没有规律，那就是在和自己的生理节律作对，即使没有坐飞机，大部分时间也在“倒时差”。如果你珍惜时间，就要保持良好的状态，这样才能享受时间。

如果你心不在焉，很难做到全神贯注，那就要采取方法，控制自己的注意力。注意力是有序性的基础，只有专注，才能掌控自己的人生，不被未经思考的惯性行为牵着走。缺乏注意力、专注度和集中精神的能力，你几乎就无法学习，更不用说掌控人生了。还好，人生这所学校可以教会你如何专注。

在西方国家，除了“注意力缺失症”（ADD）这种疾病诊断术语，人们对注意力控制的了解并不是太多。而根据东方国家的观念，注意力是一种“脆弱”的东西，需要慢慢培养，而不是用药物能治好的。注意力被视为一种个人能力，与健康密切相关。因此，从茶道到武术，许多训练活动都会重点培养注意力，从而增强对注意力的控制力度。出于各种原因，包括不太了解，人们对从事这些活动总是犹豫不决。其实，功夫、太极拳、合气道、跆拳道、气功、各种冥想练习、瑜伽，都是注意力训练技法，我们可以试试。并不是所有的注意力训练技法都来自东方国家，西方国家也创造了各种提高注意力的技巧和冥想练习，具有类似的效果。

如果你反感这些注意力培养方法的哲理基础，那请不要反感方法本身，因为这些做法都是提升专注度的手段。正在接受药物治疗的“注意力缺失症”患者定期做这些练习，经过一段时间后，大多数人都不用再服用药物，也不会产生潜在的、长期的副作用。

不想采用某种冥想方法或武术练习，那就用这样的方法来替代：排除内心的杂念。做法很简单，不过，开始做的时候比较困难。要做成任何事情，都必须排除最初的困难，坚持做下去，放空你的大脑。如果你开始恢复思考，就要引起注意，再次放空大脑。这样做，就可以在意识层面控制你的注意力，慢慢引导你的思维。虽然很难，但坚持练习，假以时日，就会做得更好。

集中注意力还有一种方法：闭上眼睛，感觉身体的某个部位，可以是左脚或右脚，也可以是肘部，然后睁开眼睛，开始做其他正常活动，不过要将注意力集中在你刚才重点关注的那个身体部位上。做这个练习，需要张贴提示纸条，以便将注意力集中起来。

这两个练习我都做过，我可以告诉你的是，如果不加以练习，注意力会变得更加“脆弱”。我还可以告诉你的是，这些练习做得越多，你看见的进步就越大。作为一个意外收获，你还可以由此知道自己挫折耐受力的现状。

肌肉深度放松练习也可以提升注意力。如果你想轻松地完成提升注意力的任务，就可以先从这种练习开始。赫伯特·本森（Herbert Benson）创作的《放松反应》（*The Relaxation Response*）是很不错的资源，还有各种录音带（从很多渠道都可以获得），里面有关于深度放松以及其他集中注意力的技巧。

提升注意力的另一种方法（如果使用得当）是学习。不幸的是，学生在学校的经历，大都会让他们讨厌学习。在学校的学习，就是为考试做准备，而考试本身往往是随机地考查学生对知识的掌握情况。学习一旦和考试联系起来，学生对待考试的态度就会转移到学习中，这个代价是巨大的。其实，学习不但是集中注意力的方式，也是自我发展的途径，其本质上还是一种乐趣。通过学习获得的知识，可以带给我们深层次的回报。

终生学习的人，都拥有不凡的能力。努力解决一道数学难题，深入理解某部严肃文学作品的意义，背诵一首伟大的诗歌，这些都可以强化注意力和自我掌控力。20 世纪的法国哲学家西蒙娜·韦伊（Simone Weil）说过，学习态度和学习过程本身都是自我提升的重要工具，因为它们都需要集中注意力。特别是关于学习，她说："任何真正专注的努力都不能被浪费掉，即使它没有直接或间接地带来任何具体结果。"

阅读书籍的时候，比如阅读罗杰·马丁·杜加尔（Roger Martin Du Gard）的小说《穆默尔中校》（*Lieutenant-Colonel de Maumort*）的最新译本，手边放个笔记本，记下你的想法和问题，或者在你想回去重新阅读的段落旁贴上便利贴。做这些笔记，会强迫你停下来思考，因而会增加阅读的乐趣。重读那些段落，仔细研究，问自己问题，与前后文建立联系，你会感受到更大的乐趣。所有绘画、音乐和文学作品都具有复杂性，深藏着真理，需要集中注意力不断地思考，这样才能给我们带来回报。研究、讨论、书面评论一部作品，你的意识层面就会留下永恒的记号，你的满足感就会成倍地增长。

如果你致力于时刻追求卓越，那你就会加快自己全面进步的步伐。你的人际关系会提升，你的自我认知——所有良好人际关系的基础——也会得到提升。这是一个不断循环的过程：自我认知帮助你拥有良好的人际关系，而人际关系又是通往自我认知的途径。

如果你不了解自己，又怎么能真正地了解他人或以最佳的方式进行人际交往呢？如果你在人际交往中总是因袭同样的模式，出现同样的问题，那你还有很多东西要学习。如果有人问你为何你的言谈举止总是一样的，而你自己也不明白为什么，那你很可能是在固守某些潜意识模式。问题在于，虽然我们听过“认识自己”这个忠告，但几乎都不明白它的意义，更不用说去实践了。显然，要认识自己，就必须自我反省。有时候，通过破解某个谜语，我们觉得更加了解自己了。可是，我们如何穿透偏见、错误和臆想的“屈光棱镜”呢？

你知道我要说什么——你需要时间和系统性的努力。认识自己（更不用说认识世界）是一个长期的过程，也许是终生努力的过程。可是，哪有时间呢？时间是有的，问题是如何充分利用时间。我们每个人都应该像朝圣者卡米尼塔那样，透过自己的窗户看世界。

只有接受人生的学习者这个角色，坚持从自己的有利位置去观察世界，你才会获得清晰的、广阔的视野。拓展视野有一个很好的工具：长期的心理治疗。集体治疗法也值得考虑，但你必须找到一位优秀的治疗师。可以找人推荐或引荐，先约见两三次。如果你感觉不好，或者觉得他帮不了你，就要另找一位治疗师。

不要一开始就认为你会获得智慧，提升自我掌控力，学到关于美学、知识和道德的判断力，而应该谦卑、幽默。获得自我掌控力是一个让人精疲力竭的过程，你得知道何时开怀大笑，更要用幽默的方式看待自己的缺陷。否则，这个任务就会让你感到压抑。你要保持愉悦、轻松的心情，踏上自我掌控的道路。不过，你可能会迷路。不管怎样，通过人生学校的基础课程，你学会了掌控自己。

如果你想设定新的目标，开始时可以将主技能转换为艺术，然后再拓展清单，加入我们前面讨论过的那些任务。你要致力于培养：

- 耐心的艺术（挫折耐受力）
- 坚持不懈、不屈不挠的艺术
- 持续努力的艺术
- 完成的艺术
- 反省和反思的艺术
- 计划的艺术
- 追求完美的艺术
- 专注的艺术
- 友谊的艺术

然后，将艾米尔的那段话当作指南，进行练习。你要知道，运用技能不只是为了生存。时刻追求卓越，坚持追求卓越，你肯定就会拥有更强的自我掌控力。艾米尔关于有序性的建议，就是追求并创造卓越。他提出的标准，就是你努力的目标。即使是为了提升某一个领域，也是一个很好的开始。要想保持责任、人际关系以及与世界互动的有序性，就必须有关注的焦点。谨慎地过好平凡的生活，就会拥有有序性。

艾米尔对自我掌控力还有另一个定义："从自己的资金、资源、才华和机会中获利。"这就是说，重视自己的财务状况也是一种提升自我掌控力的途径。你在这方面表现如何呢？

► 格雷格一向不切实际的理财方式，让他的家人和朋友非常担心。他不必养家，但他显然几乎没有任何余钱。事实上，凭着某种“绝妙的”平衡收支的感觉，他总是欠账，因此，等到完成编辑工作或某个项目，拿到一笔钱的时候，他就很快花掉了，根本存不下钱。

有些朋友非常反对他的这种做法，这促使他来参加“极限潜能计划”。

这并不是一本提供理财建议的书。外部事件有时也会引发财务问题。但是，金钱的某些方面是很简单的，没你想象中那么复杂。要理好财，你就需要合理而现实的反思、专业技巧、中肯的意见和长远的眼光。在这个方面，不要想着每次击球都能打出全垒打，也不要把事情弄得无比复杂。不要异想天开，幻想一下子就变成大富翁。

当然，你得有足够的金钱来满足基本的需要。要制定你的财务目标，不要太贪婪，也不要太保守。与大多数东西不同，金钱这种东西，人们想多挣就能多挣。如果你没有太多的钱，难道你不想多挣吗？如果你的财务状况有问题，就很难专注于其他领域。如果你还没有挣到足够多的钱，就必须学会挣钱——这也是自我成长的一种途径。要像实现其他目标那样，制订一个全盘计划，然后实施计划，最终实现挣钱目标。要利用可信的、有用的资源，从中得到启发，比如财务新闻、书籍，当然还有财务顾问，不过要谨慎选择。

既然财务问题会将你的注意力转移——如果你总是身陷财务困境的话——那就要仔细评估自己。这个问题可能会体现出你的其他自我设限习惯，还会作为你停止前进的借口。你要战胜恐惧，必要时调整自己的生活方式。消除负面的、模糊的理财思维，财务目标就更容易实现。

记住，不要惧怕金钱！

“能够使出全部的力量，能够运用自己全部的手段。”——这是《艾米尔手记》中的一句话，它所指的范围非常广，肯定也包括智慧、意志甚至身体。在这些方面如何追求卓越呢？“使出”意味着要利用。想一想，使出全部的力量，运用全部的手段，这对你意味着什么？

作为有序性的基本要求，艾米尔还提到“守信、守约”。对自己做出承诺并信守承诺，就会建立自信，认为自己是靠得住的人。这同样也适用于和别人打交道。在所有交往过程中，都要言而有信，这是至关重要的。要坚持一个原则：要么说到做到，要么干脆不说。这样做，就会提升你的个人魅力，提升你实现最高目标的能力。你说话时要清楚、直接、简单，要说出真实的想法，不要含糊其词。

和别人约好时间见面，就要守约并准时到达。这不只是礼貌问题，也是品性问题。如果你习惯性地迟到，这就表明你的时间比别人的更为宝贵。在人际关系中，守信和守约是互利的基础。互利是建立良好人际关系的钥匙，但不要算计谁该付出多一些。要把发展最高层次的人际关系作为目标，不要认为人际关系都是以你和你的需要为中心的。要采取一切必要的做法，培养人际关系中的这种有序性和自我掌控力。

如果你对自我认知的标准很高，欣然接受学生这个角色，你就会建立良好的、有意义的人际关系。你要设定一个目标：真正地了解和理解自己行为背后的动机。如果你找到某个具有相同品质的人，你们俩就能基于莫里斯·梅特林克（Maurice Maeterlinck）所说的“诚挚”——向对方展现自己的缺点和毛病，以消除潜在的危害——建立良好的人际关系。

梅特林克说：“在达到这种诚挚程度之前，我们的爱不过是一种实验：我们生活在期待之中，我们的甜言蜜语和亲吻只不过是逢场作戏。”保持诚挚，不是为了弥补个人缺点，获得某种超凡脱俗的道德优越感。就像梅特林克所说的：“如此理解的诚挚，不是为了追求道德完美，而是引领我们到达更高的层次，到达更人性、更丰富的领域。”梅特林克所说的“更高的层次”，指的是诚实、诚恳和坦白，消除人们认为的传统价值缺陷。要发展这种纯净的诚挚的关系，并将其作为快乐的基础，双方必须深入地、有意识地自我观察，培养一种意识，培养一种分析生活中所有行为的能力。

如果你想拥有具有非凡人际关系的非凡人生，请接受梅特林克提出的挑战。你要努力做到诚挚待人，哪怕是在恋人或配偶身上“试水”。大部分人都会发现，这样做可以消除防卫心理，促进感情。这种“高尚”的功课，不能只是偶尔为之。它是一种奉献，更是梦想应该包括的内容。

我们再来看看艾米尔的话，这次说的是与人际关系有关的有序性：“承担自己的责任，让自己的权利得到尊重。”这么简洁的话语，总结了经营人际关系的基本要素，强调责任是一把双刃剑，而人际关系必须有合理的基础。

在艾米尔看来，承担自己的责任，确保自己的权利得到尊重，两者是同等重要的。事实上，确保自己的权利得到尊重，就是在承担自己的责任。你要评估自己在这两个方面的优劣。那么，如何达到这个标准呢？哪个更容易做到呢？两者都很难做到吗？

你可能认为，所有人际关系都包含着义务、责任、权利、特权和优待。你能清楚地说出它们之中哪些是属于你的、哪些是属于对方的吗？其实，它们的“归属”应该根据人际关系的本质不同而发生变化。

人际关系有哪些方面、哪些要求？你可以将这个问题变成一种有趣的、给人启迪的练习活动，可以和配偶、其他家人、朋友或生意伙伴一起做。做这个练习时，每个人都要写下属于自己的义务、责任，然后写下属于对方的义务、责任。然后，交换并讨论写下的内容。通过这种交流，很多误会都可以消除。我建议你做这个练习，即使你不和别人做，也要经常自己做，它会让你的思维变得更清晰。

还有一项练习活动，就是想想你在哪些人际关系中是受到别人的控制或控制别人的。基于不同的人际关系，你的情况可能会不同。仔细想想：你最擅长和最不擅长的角色是什么？什么角色让你感到最舒服或最不舒服？哪怕只是想想这些问题，也会改善你的人际关系。

在你的人际关系中，要有意识地培养扮演自己的角色的勇气和能力。每种角色都很重要，每种角色都是“一所学校”。要清楚自己的愿望和要求，并提出来，但也要提出问题。

▶ 道格，那位很难对女儿艾米提出明确要求的父亲，通过这个练习，已经采用了同样的方式去处理所有的个人关系和商业关系了。

他明白自己在不同的人际关系中要扮演不同的角色，并且意识到每种角色都有着不同的特质和要求。通过这些练习，他取得了很大的进步。

**做任何活动都要有正确的意图并集中注意力，这样会带来直接的回报。对活动越感兴趣，从中得到的回报就越多，能够给予的东西也就越多。如果提升任务的标准，你会变成什么样呢？**

▶ 布兰登，36岁，中学科学教师。他获准在学校空地上建一个菜园，让学生们有机会学习合作种菜。学生们建起园圃，开始堆肥，试验不同的种植方法，以确定哪种方法产量最高。布兰登最初的打算是让学生们亲自动手，培养他们的环保意识，学到一些农业和园艺知识。但是，后来这个菜园成了孩子们和学校的骄傲，也改变了他对教书的看法。布兰登以前觉得自己的薪水太低，因而在教学中一直都尽量少付出。现在，他发现，他一直在欺骗自己。

说到工作，长久以来，我们更为重视的是天赋、才华和对原始潜能的展现，而不是勤奋工作和历经艰辛才获得的成就。杰克·伦敦（Jack London）曾夸耀说，他不管写什么，一遍就能写成。如果他对自己的作品稍加润色打磨，那将获得多大的成就呢？弗雷德·阿斯泰尔（Fred Astaire）看似毫不费力的精湛舞技，其实是努力的结果。他7岁就开始跳舞，每天都要和金吉·罗杰斯（Ginger Rogers）排练12个小时（每次排练后，金吉的双脚都会瘀肿、流血）。

我们的文化对天赋的重视，还带来另一个副作用：如果我们缺乏天赋，我们就有了不努力的借口，甘于成为旁观者。但你也可以成为这样的人：找到新的活动，提升自己的掌控力。你可以拿起吉他，或者通过美术、音乐、文学、建筑、园艺来提高自己的美学经验。你也可以创作小说，即使永远不会出版，那也没关系。

你可以召集公寓或小区里的人创作话剧，然后隔出场地，举办为期 3 天的原创喜剧节。你可以画画或写诗。你可以美化某个公园，或是教育某个问题学生。你不必再掉入陷阱，认为自己必须只做最擅长的事情。其实，最大的快乐来自亲身参与，来自时刻表现出最好的自己[1]。除了你自己，谁也无法做到这一点。

你发起的某件事情成了流行时尚，这不是很棒吗？每个城镇的居民，出于喜爱，出于对生活的热爱，都自己创办活动，这不是很棒吗？

要相信你能做到任何事情。你不必再隐藏自己，也不必做自己最大的敌人。

## 美妙的事情正在发生

完成任何计划，都会提升你的技能，拓展你的视野。你实现了目标、实现了梦想，然后呢？仔细聆听，在众声纷扰中，你会听到阵阵低语，它告诉你如何超越现有的成就。这些低语可能源自你的内心，也可能源自外部世界。

你的存在是有意义的，去寻找存在的意义吧。坚持追求内在目标和外在目标，你自然就会更加注重内心的成长。

如果需要指导，可以留意各种丰富的资源：先知的预言、探讨精神的书籍、古人的智慧、美术、音乐、哲学、文学。富有真知灼见的声音，往往会被抑制或淹没。有关如何度过此生的深刻教诲，已经被那些宣称对智慧拥有独家解释权的人给“收编”和“扭曲”了。

很多人会排斥自己无法拥有或“收编”的东西、无法宣称专属于自己的东西，因此，他们会远离这些东西，这样不但丢失了信息，也失去了“信使”。拥有潜能是与生俱来的，这不是没有理由的。一旦你下定决心，突破自我设限模式和自我挫败行为，就拥有了可以呼吸的空间，就有了重塑生活方式的机会。你不必甘于平庸，你可以实现梦想，甚至可以走得更远，摆脱地心引力，飞向高空——这远远超越你以前认为的可能性。

改变是困难的，但它只是困难而已。改变的回报，是第一次找到真正的人生意义，回归真实的自己。你不用因为恐惧而压抑自己，固守于“窗边的那个地方”，“来回踱步”。你拥有的空间越大，风景就越壮观——这是你“创造”的风景。

想要拥有梦想的人生，避免悔恨，你就要想一想：

谁也没有做的事情，可能就是你要去做的事情。

不可能做到的事情，可能就是你要去做的事情。

如果你感到恐惧，就要评估风险。如果某件事危及你的健康或人身安全，那就换件事情去做。如果没有危险，那就继续探索自己的内心世界，评估成果，不断进步。

凯瑟琳·巴特勒·海瑟薇在其日记本的最后部分的“创造力的呼吸”标题下面写道：“美妙的事情正在发生……那种惊喜、甜蜜又兴奋的感觉……要对宇宙保持谦卑和顺从的态度，无私忘我，但也要创作自己的诗篇，要有自己的人生释义、自己的人生感悟。”

最后，祝你一路顺风！

# 致谢

没有大家的大力支持，本书是不可能完成的。在开发“极限潜能计划”和写作本书的过程中，我一直得到治疗师和朋友们的支持，我想利用这个机会向他们表示感谢。

本书的理念，源自我对数百人进行的长期辅导经验。我要感谢他们勇敢地承担改变所需的风险，感谢他们愿意同我分享自己的经历。我最初观察到这种实用的、多层面的改变策略所产生的效果，是在加州夫勒斯诺市实施的“专注雇佣计划”（CEP）——这个计划明显早于我的“极限潜能计划”。我要感谢参与“极限潜能计划”的人，特别要感谢亚力克斯·艾斯梅尔、查克·波洛克以及卡尔·斯克勒斯，他们给予了我极大支持，做出了很多贡献。

在“极限潜能计划”的初期阶段，有4位朋友提供了宝贵的意见。瑞贝卡·朱厄尔贡献了她辅导低成就儿童的经验；菲利普·厄德伯格提供了有关临床评估工具的可靠而宝贵的意见；朱丽安·考夫曼贡献了辅导技能和宝贵的数据，他那持之以恒的决心着实令人感动；邦妮·米勒足智多谋、无所畏惧，既满怀理想又脚踏实地，他千方百计地寻找办法解决后勤和治疗问题。我还要感谢克洛·麦德尼斯，他在计划初期担任顾问，教会我们要承担必要的风险。

随着计划日益成熟，安德丽·肖同时担任计划的协调者和治疗师。她总是不知疲倦，努力奉献自己，事无巨细，追求卓越。我还要特别感谢罗伯特·林肯贡献了辅导成人低成就者的前沿性的经验，感谢特伦斯·佩特森提供的策略和建议。我还要感谢我的朋友和长期辅导伙伴克里斯·皮克斯莫，感谢他长期帮助我，以及在拉法耶治疗中心给予的学术支持。很难想象，还有谁能更好地同时扮演朋友和合作伙伴这两个角色。

我还要感谢乔恩·道格拉斯和佩吉·肖尔克提供的建议、热情支持、慷慨帮助以及出色的、细致的辅导谈话录音和报告。我还要感谢旧金山公共广播电台《家庭谈话》节目的瑞恩·维拉和莫琳·泰勒，感谢他们对低成就者表现出的兴趣，感谢他们数次邀请我担任节目嘉宾，讨论我的这个计划。我还要感谢斯图尔特·马古利斯同我就干预治疗问题进行了长时间的讨论。

我还要感谢丽萨·瓦格纳和罗伯特·图尔对本书最初几稿的校读和评论，感谢约翰·加罗、蒂姆·克劳斯、肯·沃尔顿以及安德丽·肖对本书某些章节的校读和评论，感谢吉姆·卡梅隆对本书有关气质的部分所给予的宝贵意见。我要发自内心地感谢格温妮丝·克拉文斯，感谢她在比较困难的情况下依然不知疲倦地、快乐地编辑本书。她提供了创造性的、明智的技术建议，不断地帮助我，让我感到很温暖——这是我永不枯竭的灵感源泉。

还有几位朋友帮助我顺利地在巴黎安顿下来：我要感谢劳伦特和伊萨贝拉·马辛－查本迪尔夫妇，他们热情地欢迎我，并帮了我很多忙。我还要特别感谢艾琳·阿萨吉慷慨地给我提供临时住所，感谢皮尔·波尔扎克和布里吉特·古伊劳德提供的各种帮助。我非常感谢巴黎“银杏精品电脑中心”的艾德蒙尼·阿马尔，他在我的电脑消失期间给我提供了帮助。我还要感谢拉尔夫·卡迪罗提供的物流支持以及艾洛蒂·丹尼斯提供的技术建议。

最后，我要感谢我的代理人依琳·科普，他的敬业精神令人佩服，为我提供了很多实际的帮助。我还要感谢莫妮卡·克罗利帮助我润色文字。我还要感谢我的编辑——雷根图书公司的卡尔·摩根，他自始至终都很支持这本书，并且为本书最后的成形做了大量的工作。卡尔·摩根能够理解这些理念，知道如何让读者更容易理解它们，而且为人热情、风度翩翩。能和他这样的编辑共事，一直是我的梦想。

最后，我要特别感谢古德伦·马佐耶，感谢他所做的一切。

# 注释

## 序　言

1. Haberman, C., "Highfalutin' but Hardly Proud of It", *New York Times*, October 10, 2001.

2. Balch, S. H., Zurcher, R.C., 1996. *The Dissolution of General Education Requirements:* 1914–1993. National Association of Scholars, Princeton, N.J.

3. 事实上，国际比较研究表明，大部分美国儿童都未能发挥学习潜能，因为他们在所有能力水平上的表现都低于许多欧洲国家和东亚国家的儿童。参见：Stevenson, H., Chen, C. & Lee, S. 1993 "Motivation and Achievement of Gifted Children in East Asia and the United States", *Journal for the Education of the Gifted,* 16, 223–250; and Stevenson, H. & Stigler, J. 1992 *The Learning Gap: Why Our Schools Are Failing and What We Can Learn From Japanese and Chinese Education.* New York: Simon & Schuster.

4. Cravens, G. 2001. Personal communication. “分数通胀”现象已有广泛的报道和讨论。有关“分数通胀”问题的综述，请参见：Wilson, B. P. 1999 "The Phenomenon of Grade Inflation in Higher Education", Meeting of the Governor's Blue Ribbon Commission on Higher Education, Longwood College.

5. 这个“分数通胀”事件以及 2001 年哈佛大学毕业生的问题已被广泛报道。请参见两篇具有代表性的文章：Rothstein, R., "Doubling of A's at Harvard: Grade Inflation or Brains?" *New York Times,* December 5, 2001; and an editorial, "Why Grade Inflation Is Serious", *New York Times,* December 9, 2001.

6. 1997 年，在加州爱莫利维尔市举行的、由加州心理学协会（CPA）组织的“新版明尼苏达多项人格量表”（MMPI）继续教育研讨会上，理查德 · 比里（Richard Beery）阐述了阅读水平的这种调整情况。

## 第 1 章

1. 关于有天赋的学生的学业低成就，更多的信息请参见：Reis, S. M. 1994, April. "How Schools Are Shortchanging the Gifted", *MIT Technology Review,* 39–45; Ross, P. O. 1993. *National Excellence: A Case for Developing America's Talent.* Washington, DC: U. S. Department of Education, Office of Educational Research and Improvement; and VanTassel-Baska, J. 1991. "Research on Special Populations of Gifted Learners". In M. Wang, M. Reynolds, & H. J. Walberg, Eds. *Handbook of Special Education: Research and Practice: Vol.4. Emerging Programs,* 77–101. Oxford, England: Pergamon Press.

2. 有关福特公司 1998 年买断低成就经理人的计划，请参见：

Simison, R. "Ford Decides to Teach Workers New Idea: 'Shareholder Value' ", *Wall Street Journal,* January 13, 1999.

3. 有关自我挫败行为的详细讨论以及相关选择的文献综述，请参见：Baumeister, R., Scher, S. 1988. "Self-Defeating Behavior Patterns Among Normal Individuals: Review and Analysis of Common Self-Destructive Tendencies", *Psychological Bulletin,* 104, 3–22.

## 第2章

1. 参见：Baumeister, R. F., Bratslavsky, E., Muraven, M., and Tice, D. M., "Ego Depletion: Is the Active Self a Limited Resource?" *Journal of Personality and Social Psychology,* 46, 1129–1146. 也可参见：Volume 54, Number 7, *of the American Psychologist.* 全文讨论有关日常生活中无意识行为的明显作用的研究结果。

2. 关于我们如何建构世界的理论描述，请参见：Kelly, G. A. 1955. *The Psychology of Personal Constructs.* Volume 1. New York: Norton. 本章中的讨论，大部分均符合凯里的理论观点。

3. James, W. 1890. *The Principles of Psychology.* Volume 2. New York: Holt.

4. 关于信念形成后的力量和影响的讨论，请参见：Frank, J. D. 1961. *Persuasion and Healing.* New York: Schocken.

5. Kelly (1955).

6. 请参见：Bargh, J., and Chartrand, T. 1999. "The Unbearable Automaticity of Being", *American Psychologist,* 54, 461–479.

7. Thomas, A., Chess, S., and Birch, H. 1968. *Temperament and*

*Behavior Disorders in Children.* New York University Press: New York.

8. Gardner, H. 1983. *Frames of Mind: The Theory of Multiple Intelligences.* New York: Basic Books.

9. 这些观察均来自对詹姆斯·卡梅隆的采访录音。Cameron, J. 2001. Personal communication.

10. Coopersmith, Stanley. 1967. *The Antecedents of Self-Esteem.* San Francisco: W. H. Freeman.

11. 请参见：Haley, Jay. 1974, *Uncommon Therapy: The Psychiatric Techniques of Milton H. Erickson,* M. D. New York: Grune & Stratton.

12. 有关自我交谈的导论和研究综述，请参见：Braiker, H. B. 1989. "The Power of Self-Talk", *Psychology Today,* December, 23–27; and Levine, B. H. 1991. *Your Body Believes Every Word You Say: The Language of the Body/Mind Connection.* Boulder Creek, CA: Aslan. 自我交谈对提升运动成绩的作用一直被广泛研究，请参见：Orlick, T., and Partington, J. 1988. "Mental Links to Excellence", *The Sport Psychologist,* 2, 105–130.

13. 我们从辅导的有天赋的学生的学校经历中得出的结论，同许多研究的结论相似。请参见：Bloom, B., Ed. 1985. *Developing Talent in Young People.* New York: Ballantine Books. Csikszentmihalyi, M., Rathunde, K. & Whalen, S. 1993. *Talented Teenagers: The Roots of Success and Failure.* New York: Cambridge University Press. Cox, J., Daniel, N., and Boston, B. O. 1985. *Educating Able Learners: Programs and Promising Practices.* Austin: University of Texas Press. Goertzel, V., and Goertzel, M. G. 1962. *Cradles of Eminence.* Boston: Little, Brown.

Gross, M. 1993. *Exceptionally Gifted Children.* London: Routledge. 另请参见艾伦·温拿 1997 年对天赋与学业表现相关性所做的研究文献综述：Winner, E. 1997. "Exceptionally High Intelligence and Schooling". *American Psychologist,* 52, 1070, 1081.

14. Winner, E. (1997).

15. 关于低成就者的动机缺失及其智力、低自尊的讨论，请参见：Butler-Por, N. 1987. *Underachievers in School: Issues and Intervention.* Chichester, England: Wiley.

16. Bloom, B., Ed. 1985. *Developing Talent in Young People.* New York: Ballantine Books. Ericsson, K. A., Krampe, R. T. & Tesch-Romer, C. 1993. "The Role of Deliberate Practice in the Acquisition of Expert Performance", *Psychological Review,* 100, 363–406.

17. Snyder, C. R. 1993. *The Psychology of Hope.* New York: Free Press.

18. 怀疑自己以前取得的和未来可能取得的成功，这可能是引发自我设障行为的关键因素。有关恐惧和怀疑的有害影响，请参见：Berglas, S. 1985. "Self Handicapping and Self-Handicappers: A Cognitive/Attributional Model of Interpersonal Self Protective Behavior", in Hogan, R. Ed. *Perspective in Personality* Vol 1, 235–270. Greenwich, CT: JAI Press. See also Goldberg, C. 1973. "Some Effects of Fear-of-Failure in the Academic Setting", *Journal of Psychology,* 84, 323–331; and Harris, R. N., and Snyder, C. R. 1986. "The Role of Uncertain Self-Esteem in Self-Handicapping", *Journal of Personality and Social Psychology,* 51, 451–458.

19. 关于拥有天赋的儿童浪费自己天赋的进一步讨论，请参见：Winner, E. 2000. "The Origins and Ends of Giftedness", *American Psychologist,* 55, 1, 159-169.

20. Cameron, J. 2001. Personal communication.

21. 参见：Koditz, T. A., and Arking, A. M. 1982. "An Impression Management Interpretation of Self-Handicapping", *Journal of Personality and Social Psychology,* 43, 492–502.

22. 关于自我设障的描述，请参见：Berglas (1985) and Baumeister, R., Scher, S. 1988. "Self-Defeating Behavior Patterns Among Normal Individuals: Review and Analysis of Common Self-Destructive Tendencies", *Psychological Bulletin,* 104, 3–22. 自我设障的原因，可能是对自己的表现没有把握，特别是这种怀疑伴有对自己表现的高期待。

23. Coopersmith, S. "Studies in Self-Esteem", *Scientific American,* February, 1968.

24. 关于借口及其作用的讨论，请参见：Snyder, C. R. Higgins, and Stucky, R. J. 1983. Excuses: *Masquerades in Search of Grace.* New York: Wiley.

## 第4章

1. Lecky, P. 1945. *The Theory of Self-Consistency.* New York: Island Press.

2. 参见：Bargh, J., and Chartrand, T. 1999.

3. 本章中有关改变的信息，来自我作为心理治疗师，特别是辅导低成就者的观察。研究改变的心理学文献非常多，限于本书的篇幅，无法一一加以综述。请参见：Prochaska, J., Norcross J., and DiClemente, C. 1992. *Changing for Good.* New York: William Morrow and Co.

4. Katherine Butler Hathaway. "Past Present", *Nations,* October 25, 1993.

5. Prochaska, J. O., DiClemente, C. C., & Norcross, J. C. 1992. "In Search of How People Change: Applications to Addictive Behavior", *American Psychologist,* 47, 1102–1114.

## 第 5 章

1. 了解米尔顿·埃里克森的思维方式及其心理治疗方法，请参见：Haley, J. 1974. *Uncommon Therapy: The Psychiatric Techniques of Milton Erickson.* New York: Grune & Stratton.

2. 将失败归因于缺乏才华或能力，于是就得出结论，认为今后的努力是没用的，注定会失败。关于这一点以及有关习得性无助感的内容，请参见：Abramson, L. Y., Seligman, M. E. P., and Teasdale, J. D. 1978. "Learned Helplessness in Humans: A Critique and Reformulation", *Journal of Abnormal Psychology,* 87, 49–74.

3. 关于阿加西团队的工作及其东山再起，已有广泛的报道。请参见两篇具有代表性的文章：Finn, R. "Agassi Revival Reaches a Peak In French Open", *New York Times,* June 7, 1999; and Finn, R., "It's Agassi in (What Else?) a Comeback", *New York Times,* September 13, 1999.

4. 这个故事是格温妮丝·克拉文斯告诉我的，她和埃里克森一起做过研究。

5. 有关综述，请参见：Sommer, R. 1969. *Personal Space: The Behavioral Basis of Design.* Englewood Cliffs, NJ: Prentice-Hall.

6. See Assagioli, R. 1994. *The Act of Will: A Guide to Self-Actualization Through Psychosynthesis.* London: Aquarian/Thorsons.

7. Rilke, Rainer, Maria. (1949), *The Notebooks of Malte Laurids Brigge.* Translated by M. D. Herter Norton. New York: W. W. Norton & Company.

## 第6章

1. People's visions of themselves in the future influence their current self-conceptions and actions. See Markus, H., and Nurius, P. 1986. "Possible Selves", *American Psychologist,* 41, 954–969.

2. For an excellent comprehensive review of the effective use of imagery, see Taylor, S., Pham, L. B., Rivkin, I. D., Armor, D. A. 1998. "Harnessing the Imagination: Mental Simulation, Self-Regulation, and Coping", *American Psychologist,* 53, 429–439.

3. Nicklaus, J. 1976. *Play Better Golf.* New York: King Features.

4. Taylor, et. al. (1998), cite nine studies that have demonstrated that when people imagine hypothetical future events and are then later asked to rate the likelihood of those events occurring, they are more likely to believe the events will actually occur following mental simulation than following other kinds of thinking about those hypothetical events. One such study is Koehler, D. J. 1991. "Explanation, Imagination, and

Confidence in Judgment", *Psychological Bulletin,* 110, 499–519.

5. Taylor, et. al. (1998).

6. See Kohn, A. (1993), *Punished by Rewards.* New York: Houghton Mifflin.

## 第 7 章

1. 本部分的方法，大都取自 Peter Gollwitzer 的文章，请参见：Gollwitzer, P. 1999. "Implementation Intentions: Strong Effects of Simple Plans", *American Psychologist,* 54, 493–503.

2. 不同条件下所做的大量研究均证明长期练习的重要性。有关长期练习的讨论，请参见：Dempster, F. N., (1990) "The Spacing Effect: A Case Study in the Failure to Apply the Results of Psychological Research", *American Psychologist,* 43. For an overview of overlearning see Baldwin, T. T., and Ford, K. J. 1988. "Transfer of Training", Personnel Psychology, 41.

3. Golwitzer, P. (1999)。该书强调了这种自我指导的重要性。因为他的研究表明，自我指导可以提升继续采用具体操作指令的可能性，因而对其效果具有很大的作用。

4. 我使用的“改变的语言”这个术语，其意义不同于 Watzlawick 在其 1993 年出版的书籍 *The Language of Change: Elements of Therapeutic Communication* (New York: W. W. Norton & Company) 中的用法。我们都强调语言的重要性及其影响，关于语言和交流如何影响个人和系统甚至是思维，大量的哲学、交际理论、家庭系统理论和心理学方面的研究文献中都有记载。相关的介绍，可参见：Watzlawick, P., Beavin, J., and Jackson, D. D. 1967. *Pragmatics of Human Communication: A Study of Interactional Patterns, Pathologies, and Paradoxes.* New York: W. W. Norton & Company.

5. Watzlawick, P., Beavin, J., and Jackson, D. D. (1967).

6. Fadiman, J. 1989. *Unlimit Your Life: Setting and Getting Goals.* Berkeley: CelestialArts.

7. 这就是所谓的“奇迹问题”，这个技巧与方法导向性心理疗法密切相关。有关方法导向性心理疗法的更多信息，请参见：De Jong, Peter, and Berg, Insoo Kim. 1997. *Interviewing for Solutions.* Pacific Grove, CA: Brooks/Cole; and de Shazer, S. 1985. *Keys to Solution in Brief Therapy.* New York: Norton.

8. 关于为何设定目标、目标种类以及如何设定目标的问题，有着大量的文字资料。关于医疗保健领域、公司机构和运动领域等各种环境中目标的作用，也有相关的研究。有关设定目标的综述，请参见：Fadiman, J. 1989.

9. 请参见：Snyder, C. R. 1993.

10. 请参见：Simonton, O. Carl, Matthews-Simonton, S., Creighton, J. 1978. *Getting Well Again: A Step-By-Step Self Help Guide To Overcoming Cancer for Patients and Their Families.* New York: J. P. Tarcher.

11. 有关替代自我设限行为的练习活动，是基于 Jonathan Chamberlain1978 年出版的著作 *Eliminate Your Sdbs: Self-Defeating Behaviors* (Provo, UT: Brigham Young University Press) 设计的。经过作者的同意，我们将其用于辅导自我设限的高潜能者。

## 第8章

1. 乐观主义是可以学习的，学习它是很有价值的。请参见：Seligman, M. E. P. 1991. *Learned Optimism.* New York: Knopf.

2. 有关“计划谬误”以及视觉化练习作用的研究综述，请参见：Taylor, et. al. (1988). 我所说的这个方法，直接取自她的这部著作。

3. 请参见：Baldwin, T. T., and Ford, J. K. (1988).

4.“策略性家庭治疗”源自米尔顿·埃里克森的著作。“刻意的故态复萌”方法总是似非而是。相关的分析，请参见：Coyne, J. C., and Biglan, A. 1984. "Paradoxical Techniques in Strategic Family Therapy: A Behavioral Analysis", *Journal of Behavioral Therapy and Experimental Psychiatry,* 15, 221–227. 关于埃里克森这种方法的介绍，请参见：Haley (1974).

5. Brownell, K. D., Marlatt, G. A., Lichtenstein, E., and Wilson, G. T. 1986. "Understanding and Preventing Relapse", American Psychologist, 41, 765–782.

## 第9章

1. Csikszentmihalyi, M. 1990. *Flow: The Psychology of Optimal Experience.* New York: Harper & Row.